中华文化元素
ZHONGHUA WENHUA YUANSU

冯天瑜　姚伟钧　主编

饮　食

YINSHI

姚伟钧　著

長春出版社
国家一级出版社
全国百佳图书出版单位

图书在版编目（CIP）数据

饮食 / 姚伟钧著. — 长春 : 长春出版社, 2016.12（2020.1 重印）
（中华文化元素丛书 / 冯天瑜, 姚伟钧主编）
ISBN 978-7-5445-4688-1

Ⅰ. ①饮… Ⅱ. ①姚… Ⅲ. ①饮食－文化－中国
Ⅳ. ① TS971.2

中国版本图书馆 CIP 数据核字（2016）第 282241 号

饮　　食

著　　者：姚伟钧
责任编辑：胡　新　李春龙
封面设计：王国擎

出　　版：長春出版社　　总编室电话：0431-88563443
地　　址：吉林省长春市建设街 1377 号　　发行部电话：0431-88561180
邮　　编：130061
网　　址：http://www.cccbs.net
制　　版：长春出版社美术设计制作中心
印　　刷：长春天行健印刷有限公司

开　　本：787 毫米 ×1092 毫米　1/16
字　　数：147 千字
印　　张：18.5
版　　次：2016 年 12 月第 1 版
印　　次：2020 年 1 月第 2 次印刷
定　　价：58.00 元

总　序

一

由别具慧眼的长春出版社策划的本丛书，以蕴含中华文化元素的诸事象为描述对象，试图昭显中华文化的特质、流变和前行方向。

“元”意谓本源、本根，“素”意谓未被分割的基本质素，合为二字词“元素”，原为化学术语，本义是具有相同核电荷数（即相同质子数）的同一类原子的总称，如非金属元素氧（O）、金属元素铁（Fe），是组成具体自然物——氧化铁（Fe_2O_3）的基本质素。

作为化学术语的汉字词“元素”，由日本江户时代的兰学家宇田川榕庵（1798—1845）在所著《植学启原》（1834）和所译《舍密开宗》（1837）

中创制，是对荷兰语 grondstof 的意译。清末来华的美国长老派传教士丁韪良（1827—1916）在《格物入门》（1868）中创汉字词“原质”，意译同一西洋术语（英文为 element）。清末民初，汉字词“元素”自日本传入中国，逐渐取代“原质”。1915 年，中国科学社董事会会长任鸿隽（1886—1961）在《科学》杂志第一卷第二号上发表《化学元素命名说》，为中国较早使用“元素”一词的案例。[①]

在现代语用实践中，“元素”这一自然科学术语被广为借用，泛指构成事物的基元，这些基元及其组合方式决定事物的属性。“文化元素”指历史上形成并演化着的诸文化事象中蕴藏的富于特色、决定文化性质的构成要素。

本丛书论涉的“中华文化元素”，约指中华民族在千百年的历史进程中（包括在与外域文化的交融中）铸造的具有中国气派、中国风格、中国韵味的基本质素，诸如阴阳和谐、五行相生相克、家国天下情怀、民本思想、忧患意识、经验理性导引下的理论与技术、儒释道三教共弘的非排他性信仰系统、区别于拼音文字的形义文字及其汉字文化，等等。它们生长发育于中华民族生活方式、思维方式的运行之间，蕴藏于器物文化、制度文化、行为文化（风俗习惯）和观念文化的

①聂长顺，肖桂田：《近代化学术语元素之厘定》，《武汉大学学报》（人文科学版）2010 年第 6 期。

纷繁具象之中，并为海内外华人所认同。

二

文化的各个不同级次、不同门类包含着各具个性的中华元素。如水墨画的书画同源、墨分五色，武术的技艺合一、刚柔相济、讲究武德，园林的天然雅趣和“可居可游可赏”追求，民间风俗文化涵泳的吉祥、灵动、热烈、圆满，建筑中使用“中国红”（体现生命张力）、中轴线、对称与不对称美感，等等。

汉字及汉字文化是中华元素的一个案例。

世界各种文字都是从象形文字进化而来，多数文字从象形走向拼音，而汉字则从象形走向表意与表音相结合的“意音文字”，近有学者将汉字归为“拼义文字”，即注重语义拼合的文字：首先创造多个视觉符号作为表达万象世界的基本概念，然后将这些符号组合起来，用小的意义单位拼合成大的意义单位，表达新事物、新概念。①

自成一格的汉字创发于中国，是世界上仅存的生命力盎然的古文字，它主要传播于东亚，成为东亚诸国间物质文化、制度文化和精神文化互动的语文载体。在古代，中国长期是朝鲜、

①张学新:《汉字拼义理论:心理学对汉字本质的新定性》,《华南师范大学学报》(社会科学版)2011年第4期。

日本等东亚国家的文化供给源地；至近代，日本以汉字译介西方文化，成效卓异，日制汉字词中国多有引入。汉字在汉字文化圈诸国所起的作用，相当于拉丁文在欧洲诸国所起的作用，故有学者将汉字称为“东亚的拉丁文”。汉字是中华文化系统中影响最为深远广大的文化符号。

20 世纪初，日本学者内藤湖南（1866—1934）提出“中国文化圈”概念，指以中国为文化源及受中国文化影响的东亚地区，日本是“中国文化圈的一员”，他在《中国上古史》中说：“所谓的东洋史，就是中国文化发展的历史”，是以汉字为载体的中国文化在东亚地区传播的历史。[①]此论阐发了汉字这一中华元素在东亚文化圈的重要意义。

中国人在 20 世纪 30 年代即对日本学者提出的东洋文化史观做出回应，傅斯年（1896—1950）在 1933 年著《夷夏东西说》，概括东亚文化的特别成分：

> 汉字、儒教、教育制度、律令制、佛教、技术。[②]

这是中国学者对东亚文化圈的要素即“中华元素”做出的提取。

承袭内藤说，日本的中国史学家西嶋定生

①［日］内藤湖南：《中国上古史》，《内藤湖南全集》卷十，东京：筑摩书房，1997 年。

②傅斯年：《夷夏东西说》，《中央研究院历史语言研究所集刊》外编第一种，1933 年。

（1919—1988）在二战后所著《东亚世界与册封体制——6—8 世纪的东亚》中指出，东亚世界存在一个以中国为册封中心，周边诸国（日本、朝鲜）为册封对象的“册封体制”，从而提出东亚地区的一种“文化圈”模型。西嶋定生在《东亚世界的形成》中概括汉字文化圈的诸要素（或称“中华元素”）：

> 一、汉字文化，二、儒教，三、律令制，四、佛教等四项。其中，汉字文化是中国创造的文字，但汉字不只使用于中国，也传到与其语言有别又还不知使用文字的邻近诸民族……而其他三项，即儒教、律令制、佛教，也都以汉字作为媒介，在这个世界里扩大起来。[①]

1985 年，法国汉学家汪德迈在《新汉文化圈》一书中论述“汉文化圈”的特点：

> 它不同于印度教、伊斯兰教各国，内聚力来自宗教的力量；它又不同于拉丁语系或盎格鲁－撒克逊语系各国，由共同的母语派生出各国的民族语言，这一区域的共同文化根基源自萌生于中国而通用于四邻的汉字。[②]

①［日］西嶋定生：《东亚世界的形成》，参见刘俊文主编，高明士等译：《日本学者研究中国史论著选译》第二卷，中华书局 1993 年，第 88 页。

②［法］汪德迈：《新汉文化圈》，陈彦译，江西人民出版社 1993 年，第 1 页。

这里着重表述“中华元素”之一种——汉字的功能，汉字深刻影响东亚人的思维方式和表达方式，使汉字文化圈成为一个有着强劲生命活力的文化存在。

三

“中华元素”并非凝固不变、自我封闭的系统，它具有历史承袭性、稳定性，因而是经典的；具有随时推衍的变异性、革命性，因而又是时代的，2008 年北京奥运会开幕式表演突显四大发明，2010 年上海世博会中国馆采用中国红，皆为古老的中华元素的现代展现；中华元素是在世界视野观照下、在与外域元素（如英国元素、印度元素、日本元素、印第安元素）相比较中得以昭显的，故是民族的也是国际的，是中国的也是世界的。美国好莱坞动画片《功夫熊猫》《花木兰》演绎中华元素并获得成功，便是一个例证。

文化元素并非游离于文化事象之外的神秘存在，它们从来都与民族、民俗、民间的文化实践相共生，始终附丽并体现于器物、制度、风俗诸方面的具体文化事象和文化符号之中。中华元素之于文化事象，如魂之附体，影之随形，须臾不可分离。从诸文化事象（如江南园林、八大菜系、春节中秋等节庆、书画篆刻、昆曲京剧、武当少林功夫）的生动展现中提取中华元素的魂魄，昭显大众喜闻乐见的文化符号（如深蕴和谐精义的太极八卦图，代表四方、四季的“四灵”——青龙、白虎、朱雀、玄武，代表中央的麒麟）包蕴的精义，是本丛书的使命。

本丛书由阐发体现中华元素的若干文化事象（如园林、饮食、节庆、书画、宫殿、戏曲、服饰、汉字、武术、钱币、宗族、书院、姓名、茶等）的系列作品组成。

中华元素是构建当代中国文化及其核心价值体系的基本成分之一，是塑造国家形象、提升国民精神的重要资源。开掘并弘扬中华元素，有助于加深中国文化对国人的感召力、亲和力，增强历史敬畏感和时代使命感，提升民族自信心和文化传承创新的自觉性。

抉发中华元素还有一层意义：通过蕴藏中华元素的文化事象、文化符号，彰显可亲可敬的中国风格，奉献给异域受众，增进国际传播，推动中国文化“走出去”。

本丛书的选题及其撰写沿着“即器即道”的文化史路数，避免一味虚玄论道，也不停留于文化现象的就事论事，而追求道器结合——于形下之器透现形上之道，又让形上之道坐实于形下之器，使中华元素从文化事象娓娓道来的展示中得以昭显。

冯天瑜

2016 年 10 月

于武汉大学中国传统文化研究中心

前　言

饮食是人类最基本的生活需要，也是人类从事其他社会活动的基础和前提，正如恩格斯《在马克思墓前的讲话》所言："人们首先必须吃、喝、住、穿，然后才能从事政治、科学、艺术、宗教，等等。"古代的中国人不仅认识到饮食是人的本能，还认识到饮食在治国安邦过程中所起到的巨大作用，如《尚书·洪范》称食为"八政"之首。"八政"即"一曰食、二曰货、三曰祀、四曰司空、五曰司徒、六曰司寇、七曰宾、八曰师"。唐代孔颖达疏曰："人不食则死，食于人最急，故教为先也。"《管子·牧民》言："仓廪实则知礼节，衣食足则知荣辱。"后世君臣更是常常说："王者以民为天，而民以食为天"。由此可见，饮食是国计民生中的头等大事。

对食物烹饪的重视和考究，以及人们的饮食

观念，可以体现一个国家的文明程度，也是考察一个民族历史文化与心理特征的社会化石。但对大多数中国人而言，饮食实在是太普通了，它早已深深地渗透于人们的日常生活之中，以至于对其文化价值、作用和影响熟视无睹，其实它与中国传统文化的方方面面都有着密切的关系。

如果从历史来看，人类脱离蒙昧，走向文明社会，启程点在哪里？唯物史观认为人类文明是从征服自然的劳动开始的，人类最初的劳动就是为了谋取食物。随着生产力的发展和社会的不断进步，人类在谋取食物的劳动中，也在不断丰富自己认识自然的能力，从而创造出各种具体的科学文化。所以，饮食文化就成为人类文化知识的一门综合性基础学科。

首先，人类交往的主要工具——中国文字的产生，就是源于饮食活动，迄今为止，我们所发现的上古文字，多与饮食活动有关。这说明，上古文字主要是为人们的饮食生活服务的。随着农业生产和饮食活动的发展，人们的交往日益增多，这就要求用文字突破语言在时间和空间上的限制,以便传之久远。这样,文字也就日趋规范化了。

文字的出现，促进了数字的演进，这也是通过食物计量来实现的，如甲骨文中的数字，从单数一到十、廿、卅、百、千等，都与食物计量有关。

中国古代化学的起源，是从造酒开始的。在

数千年的实践中，中国劳动人民用自己的辛勤劳动和智慧，不断提高酿酒水平和微生物利用技术，创制了形形色色的美酒佳酿，为中国酿造化学奠定了初步的基础。

中国医学的发生更与饮食难分难解。中国饮食的重要特点之一，就是不仅把食物作为充饥的物品，还把它作为治病防疾的药品。所以，中国医学与饮食一开始就结下了不解之缘，最早的医疗方法就要算饮食疗法，即医食同源。

陶器的产生也是应饮食的需要而制作的，相传“神农耕而陶”。

中国美学的产生也与饮食有着密切的联系。任何理论的产生都必须有丰富的生活实践作为基础，美学的产生更是如此。历史上美的概念的最初产生就与佳肴分不开；与此关联的是，中国的文学作品更是以饮食作为创作的源泉。

中国音乐、舞蹈也是伴随着人们的饮食活动而出现的。先秦时期，当人们获得了丰收，猎取了美味后，常常设庆功喜宴，杀牛、宰羊，并载歌载舞，以祈求祖先、天地、神灵的保佑，希望风调雨顺、五谷丰稔、牲畜兴旺、免除灾难。由此也形成了诗歌，早期诗歌一般都配合着乐器，带有扮演舞蹈的艺术，多数诗篇都是反映劳动人民饮食生活状况的。

人类的宗教活动亦是从饮食活动中发展起来

的。《礼记》认为，中国的礼仪风俗也是从饮食活动中发轫的。

这些都表明中国饮食文化与中国传统文化的起源有着千丝万缕的联系，离开饮食文化来谈论中国传统文化，是不完整的。孙中山先生在《建国方略》中说："是烹调之术本于文明而生，非深孕乎文明之种族，则辨味不精；辨味不精，则烹调之术不妙。中国烹调之妙，亦是表明文明进化之深也。"这说明一个国家的饮食文化足以体现一个国家或民族的文化素养。

如今，中国饮食文化已成为中华文化的一份厚重的遗产。从近几年中国文化在海外的传播过程中来看，中国饮食文化发挥了重要作用。从某种程度上来说，中国饮食文化的外传也促进了中国文化的输出，外国人士对中国文化的许多感性认识都是从中国饮食开始的，这无形中也增强了中华文化的影响力和软实力。因此，中国饮食文化中的独特风味、传奇色彩，以及其中蕴含的历史文化价值，确实值得我们去品味和分析。

目 录

目　录

目　录

第一章　源远流长

中国的饮食文化源远流长，是中华民族传统文化的重要组成部分。在中国悠久的历史中，不同的朝代有着不同的饮食文化，随着历史环境的演进，中国的烹饪由一门单纯的技术逐步演化发展为一种艺术和文化。自原始社会晚期至春秋战国时期是中国烹饪技艺形成和发展的奠基时期,并形成了各具特色的宴会礼仪。至唐宋时期，中国饮食文化达到了一个高峰，尤其是宋代，更是中国饮食文化史上承前启后的重要阶段。发展到近代，中西饮食文化有了前所未有的交流和碰撞，这对中国自古以来的饮食文化产生了广泛而深刻的影响……

第一节　烹饪滥觞

中国在世界上享有“烹饪王国”的美誉，这是因为中国的烹饪技术,有着几千年悠久的历史。中国烹饪在古代就已成为一种独特的技艺，这种技艺从食物的初加工，一直到成为可口的饮食，每一个环节无不闪耀着中国古代劳动人民的智慧之光。

“烹饪”一词的含义是随着人类饮食文化的发展而变化的。在人类社会的早期，人们的生活水平极其低下，与此相适应的是，烹饪的含义也是很简单的。这个时期烹饪的含义就是用火直接烧烤动植物以供食用。陶器的产生，为煮食物提供了物质条件，这时“烹饪”一词的含义就增加了新的内容——煮。至此，烹饪就具有烧、煮两层含义。由于金属锅的产生和动物油脂的运用，“烹饪”一词的含义又增添了炸炒这一层内容。

随着中国饮食逐步形成主食和副食两大类，烹饪就不单指副食，如肉、鱼、蔬菜的烧烤、煮炖和炸炒，而且也包括主食的制作，如米饭、馒头、饼、点心等【图 1-1】。盐的发现和运用，逐步形成了调味的概念，同时也产生了菜肴腌制，这样，烹饪又增添了一个内容——腌制。

一　烹饪技艺由简到繁

烹饪是从人类学会使用火开始的。有关烹饪的考古资料表明，中国烹饪方法由少渐多，烹饪技艺由简单到复杂逐步发展的。

烧，这不同于现在意义上的烧，它是一种最原始、最简便的烹饪法，不用任何烹饪器，直接把兽肉或植物放入火中烧熟或烧成半熟。在旧

图 1-1 唐代面食
1960、1972 年新疆吐鲁番阿斯塔那 M331 出土 新疆维吾尔自治区博物馆藏

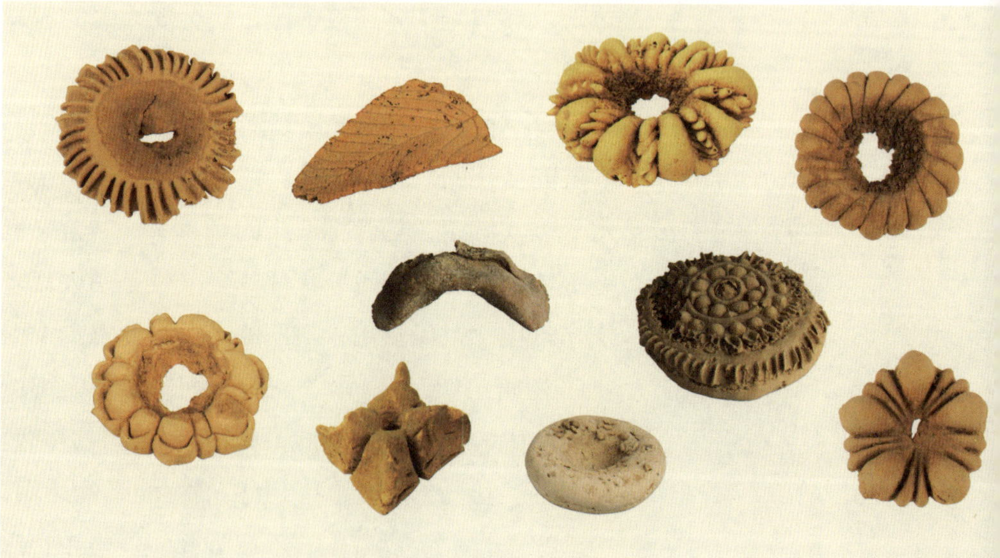

石器时代的山西西侯度、云南元谋、陕西蓝田等处文化遗址中都发现有烧过的兽骨，以及在北京人遗址发现的烧骨，表明当时人们已采用此烹饪法。

烤，先秦时称为炮，即直接把兽肉置于火堆旁烤；或者将兽肉用黏土包起来，放置在火堆中烤，或者将兽肉用树枝、竹竿串起来，斜插在火堆旁烤或架在火堆上方悬烤。烤法较之烧法进步，它是利用火的辐射力，来把食物烤熟，所以这种方法的出现晚于烧法。

石烙，这是一种通过烧热的石板传热来把食物烙熟的方法，即将食物置放在扁平的天然石板上，再将石板放在火堆上，石板上的火候较为温和，不致烧焦食物。郑玄在注释《礼记》时说："中古未有釜甑，释米捭肉，加于烧石之上而食之耳，今北狄犹然"，指的就是石烙法。

石烹，即在土坑或其他盛水的容器中装上水和食物，然后将一些烧红的石块投入水中，如此周而复始多次，使水沸腾，直至将食物煮熟。

以上这四种烹饪方法，在陶烹饪器没有出现以前，保持了相当长的时间，所以谯周《古史考》上有这样一句话："古者茹毛饮血；燧人氏钻火，始裹肉而燔之，曰'炮'；神农时食谷，加米于烧石之上而食之；黄帝时有釜甑，饮食之道始备。"类似的传说，在《礼记》等书中亦可见到。这些

图 1–2 鱼纹彩陶盆

传说把劳动人民的创造全加在几个“神化”了的人物头上，这与史实是有些出入的。但是，它指明了人类学会烹饪有一个发展过程，并且认为烹饪方法是随着饮食器皿的不断完善而多样化的，这种观点还是正确的。

新石器时代，由于农业、畜牧业有了一定程度的发展，烹饪的水平也必然有所提高。人们生活中一些常用的简单炊器，大都已经具备，有陶鼎、陶甑、陶釜、陶罐、陶盆图【图 1–2】之类。在新石器时代的一些住房遗址中，曾发现过灶坑，这是用来做饭的。此外，在掘地为灶的同时，人们还制造出了可以搬动的陶灶，如浙江河姆渡遗址出土的陶灶图【1–3】，长约 50 厘米，宽约 30 厘米，有两耳可以提拿搬动，结构科学，使用安全，可供多人炊用。这些出土的炊器说明，从新石器时代起，人类的烹饪方法就逐渐增多，因为

图 1–3 新石器时代河姆渡陶灶
1977 年河姆渡遗址出土

炊器的多样化是与饮食的多样化分不开的。

考古发掘出的商周以前的炊器，多属蒸煮之器，我们可以认为，商周以前的烹饪方法以蒸煮食物为主。郭宝钧在《中国青铜器时代》一书中，考证了商周时期的烹饪方法，他认为："殷周熟食之法，主要的不外蒸煮二事。"在蒸煮两种烹饪方法之中，煮法又产生于蒸法以前，这里分别介绍。

煮，是一种最普通的烹法，它是将食物和水放于烹饪器中，再用火直接烧烹饪器，通过烹饪器受热、传热，使水沸腾来煮熟食物。这种烹法的特点是水多，要浸漫过所煮的食材。当时用于煮食物的炊具主要是釜、鼎、鬲、罐，等等。这些器皿在商代以前作用上没有什么区别，都是作为锅来使用。但在商周以后，釜和鼎这两种煮器，似乎有所分工。釜主要用于煮谷物或蔬菜，《诗经》中说："于以湘之，维锜及釜。"这是用釜来煮萍菜的记录，所以，釜主要是平民使用的烹饪器。鼎则用于煮肉，因为鼎【图 1-4】在周代，已不再单纯是一种炊器了，而成为一种礼器，是各级贵族的专用品，被视为权力的象征，广大平民绝对不能使用铜鼎。作为炊煮器时，贵族们也主要用来煮肉，或陈放肉类和其他珍贵食品。《周礼·天官·烹人》说："烹人掌共鼎镬，以给水火之齐。"郑玄注曰："镬所以煮肉及鱼腊之器，

图 1-4 毛公鼎
台北故宫博物院藏

既熟乃盛于鼎。”鬲是在釜、鼎之后产生的，主要用于煮粥。先秦时期，贵族饮食盛馔用鼎，日常烹饪用鬲。西周铜鬲较多，但其使用也仅限于贵族。

蒸，凡是利用水蒸气把食物烹熟的就叫作蒸。蒸的方法，通常都是锅中放着水，锅上面架着蒸具，蒸具与水保持距离，水沸滚后也不触及食物，使食物的营养价值全部保留在食物内部，不致遭到破坏。所以，蒸气烹饪是一种最常用的烹饪法。我国是世界上最早使用蒸气烹饪的国家。

蒸烹饪器是在煮烹饪器的基础上发展起来的，所以蒸法比煮法出现要晚一些。距今六千年左右的西安半坡新石器时代遗址中出土的陶甑，是目前所能见到的最早蒸器。蒸饭所用的甑分为两节，下节三空足如鬲，是盛水的地方，上节大口中腹如盆是放米的地方，米和水之间有箅子隔开。张舜徽在《说文解字约注》中指出："甑之为言层也，增也，以此增益于釜上，高立若重屋然。古以瓦，今以竹木为之，有穿孔以通气，所以炊蒸米麦以成饭也。"甑的出现使我国古代早期社会的烹饪方法基本完善，所以《古史考》中认为黄帝时有釜甑，饮食之道始备。可知甑的出现是饮食条件具备的重要标志。

关于先秦时期有没有"炒"这种烹饪方法，学界存在着不同的意见，有学者认为现在烹饪术中最重要而又常见的方法——炒，当时尚未发明。事实上，考古资料证明，炒烹饪法最迟在春秋时期就已出现。1923 年在河南省新郑的一座春秋时期的墓葬中出土的"春秋王子婴次之燎炉"【图 1–5】，据考古工作者鉴定，就是一种专作煎炒之用的青铜炊器，该炉高 11.3 厘米，口纵 45 厘米，口横 36.6 厘米，形状类似长方盘，上面刻有"王子婴次之燎炉"字样。对此，陈梦家在《寿县蔡侯墓铜器》一文中指出："东周时代若

图 1-5 春秋王子婴次之燎炉

干盘形之器并不尽皆是水器。《礼记·礼器》注云："盆，炊器也。"似指新郑所出"王子婴次之燎炉"。锅的质地也比较薄，很适于作煎炒使用。

在先秦文献中，炒菜也不乏记载，如《楚辞·大招》中的"煎鰿臛雀，遽爽存只"。它的烹饪方法是在锅中放少量的油，等油热后，将食物放入，然后翻炒至熟。与此相印证的是，在楚国区域内也相继出土了一些可作煎炒之用的器具，如 1978 年湖北随县曾侯乙墓曾出土了一个炉盘【图 1-6】，分上下两层，下层为一炉，炉下有三足，

图 1-6 曾侯乙墓炉盘

出土时炉内还有木炭，实际就是一个烧木炭的炭炉。上层为一盘，盘与炉基本等大，出土时盘上有两副鱼骨架。曾侯乙墓的这件炉盘，制作是相当精美考究的，盘的两边还有青铜质的环链提梁，如同现代的炒锅。另外，在1979年4月，江西靖安也出土了一件自铭为“炉盘”的铜制器具，形状和曾侯乙炉盘大体相同，上面亦为一盘，其时代比曾侯乙墓要早一百多年。这些都说明在先秦时期已出现了专作煎炒之用的炊具，人们已经开始运用煎炒之法进行烹饪。不过，当时的炒烹饪法，远不如现代的技艺高，煎炒之间没有严格的区别，同时炒菜的品种也不够多，但它对后世中国烹饪技艺的发展和提高却有着不可估量的影响。

综上所述，不难看出，在原始社会晚期，虽然已有了简单的烹饪，但作为技艺的烹饪尚未形成。到了商周时期，由于生产力的发展，加上劳动人民的创造，各种炊具相继出现，我国早期的烹饪技艺和一些基本烹饪方法才初步形成。春秋战国以后，食物品种不断增多，人们的烹饪技术也在不断发展，从而出现了众多的烹饪方法，有人粗略地统计，竟达25种之多，如氽、抄、炒、炸、浸、烙、烤、烹、涮、焗、煮、贴、炮、溜、煎、煨、煸、煲、熬、炖、烧、蒸、焖、烩、爆，等等。所有这些方法为中国烹饪技艺的形成和发展奠定了基础。

二 菜肴制作精美多样

菜肴即指膳馐，中国古代的烹饪艺术也正是在菜肴的制作上表现出来的。郑玄在注释《周礼·天官·膳夫》时说："膳，牲肉也，膳之言善也。"古代饮食之善者必备肉，所以古人总以肉训膳。"馐"，郑玄在此注为"有滋味者"，膳馐就是以肉为主加工制成的美味佳肴。

馐又有百馐之称，自然其制作也是多种多样了。综合古代文献，可以看出，馐除指古代的肉肴外，还指用粮食精制而成的滋味甚美的点心。但膳馐连用时，古人往往是指菜肴。

周代名肴"八珍"足以表现周代烹饪艺术的成就之高，它是用多种烹调方法制作的八种供周王室食用的肴馔。《礼记·内则》记有"八珍"及烹调方法，即：

（1）淳熬：煎醢加于陆稻上，沃之以膏，曰淳熬。

（2）淳毋：煎醢加以黍食上，沃之以膏，曰淳毋。

（3）炮，取豚若将，刲之刳之，实枣于其腹中，编萑以苴之，涂之以墐涂。炮之，涂皆干，擘之，濯手以摩之，去其皽，为稻粉，糔、溲之以为酏，以付豚，煎诸膏，膏必灭之。巨镬汤，以小鼎，芗脯于其中，使其汤毋灭鼎，三日三夜毋绝火，而后调以醯醢。

（4）捣珍：取牛、羊、麋、鹿、麇之肉，必胨，每物与牛若一，捶反侧之，去其饵，熟，出之，去其皽，柔其肉。

（5）渍：取牛肉，必新杀者，薄切之，必绝其理，湛诸美酒，期朝而食之，以醢若醯醷。

（6）为熬：捶之，去其皽，编萑，布牛肉焉。屑桂与姜，以洒诸上而盐之，干而食之。施羊亦如之。施麋，施鹿、施麇皆如牛羊。欲濡肉，则释而煎之以醢。欲干肉，则捶而食之。

（7）糁：取牛、羊、豕之肉，三如一，小切之，与稻米二，肉一，合以为饵煎之。

（8）肝膋：取狗肝一，幪之以其膋，濡炙之，举燋，其膋不蓼。取稻米，举糔、溲之，小切狼臅膏，以与稻米为酏。

“淳熬”“淳母”分别是用旱稻、黍米做成的肉酱盖浇饭。炮豚是先烤后炸再炖的乳猪，最后调以肉酱。捣珍是一种经过捶打而后烧成的里脊肉块。渍是一种用于生吃的酒浸牛肉干，并蘸以酱、醋和梅子酱。熬是用姜、桂皮、盐腌制而成的牛、羊、麋、鹿、麇肉干。糁是用牛、羊、猪肉、稻米煎成的糕饼，肝膋是用狗油炸包过的狗肝。

周代“八珍”的出现，是中国烹饪成为一门

艺术的重要标志，显示了周人的精湛技艺和饮食的科学性。以炮豚为例，首先将小猪洗剥干净，腹中实枣，包以湿泥烤干，剥泥取出小猪，再以米粉糊涂遍猪身，用油炸透，切成片状，配好作料，然后再置于小鼎内，把小鼎又放在大镬中，用文火连续炖三天三夜，起锅后用酱醋调味食用。一道菜共采用了烤、炸、炖三种烹饪方法，而工序竟多达十道左右。其吃法之讲究可想而知。“八珍”开创了用多种烹饪方法制作菜肴的先例，以后的各种菜肴，均是在此基础上发展起来的，甚至在菜名上也袭用“八珍”。唐代诗人杜甫在《丽人行》中写道：“黄门飞鞚不动尘，御厨络绎送八珍。”这时的“八珍”是指什么呢？明代俞安期《唐类函》说：“按《礼》所谓八珍者，其品则牛羊麋鹿麇豕狗，皆所以养老者也。后世则侈云龙肝、凤髓、豹胎、鲤尾、鹗炙、猩唇、熊掌、酥酪蝉；迤北八珍：醍醐、麆吭、野驼蹄、鹿唇、驼乳糜、天鹅炙、紫云浆、玄玉浆。”可见唐代“八珍”用料比周代要高级多了。清代菜肴中也出现了“上八珍”“中八珍”“下八珍”。清代“八珍”除沿用前代的山珍外，另加了一些海味，如燕窝、海参之类。现今一物兼有八味的食品也称“八珍”，如“八珍糕”“八珍面”，都是集八味于一体者，是“八珍”的新发展。

“八珍”的名称，历经三千多年。随着历史

的发展，它的内容虽然在不断更新，其名称却历代相沿，这反映了周代“八珍”在中国饮食史上占有不可磨灭的地位。

中国烹饪技艺在春秋战国时就达到了一个新的高峰，这时的菜肴精美多样，标志着生活水平和文明程度都比前代有所提高。楚国的饮食，最能反映当时的烹饪水平。《楚辞》对楚人的饮食结构及菜肴品种做了详尽的记载，例如《楚辞·招魂》中说:“室家遂宗,食多方些。稻粢穱麦,挐黄粱些。大苦咸酸，辛甘行些。肥牛之腱，臑若芳些。和酸若苦，陈吴羹些。胹鳖炮羔，有柘浆些。鹄酸臇凫，煎鸿鸧些。露鸡臛蠵，厉而不爽些。粔籹蜜饵，有餦餭些。瑶浆蜜勺，实羽觞些。挫糟冻饮,酎清凉些。华酌既陈,有琼浆些。”另一首诗《大招》里写道:“五谷六仞，设菰粱只。鼎臑盈望，和致芳只。内鸧鸽鹄，味豺羹只。魂乎归徕！恣所尝只。鲜蠵甘鸡，和楚酪只。醢豚苦狗,脍苴蓴只。吴酸蒿蒌,不沾薄只。魂兮归徕！恣所择只。炙鸹胡蒸凫,煔鱼责陈只。煎鲼臛雀,遽爽存只。魂兮归徕！丽以先只。四酎并孰，不涩嗌只。清馨冻饮，不歠役只。吴醴白蘖，和楚沥只。”

《楚辞》虽然是一篇文学作品，但它所承载的饮食文化是源于现实生活的。如果要了解这一时期的烹饪技艺和菜肴品种，这段文字是不容忽视的，它的篇幅不长，却非常丰富和完整，可以说是一份既有史料价值又有生活趣味的古代食谱。这一食谱中诱人的美味，被称为当世的珍肴，《淮南子》中就说道“荆吴芬馨”。在上面这些佳肴里，肉食就达三十多种，除常见的六畜外，还有鳖、蠵（大龟）、鲤、鲼、凫（野鸭）、豺、鹍鹑、鹄等。在烹饪上，楚人继承了西周以来的烹饪特点，讲究食料选择、刀工、火候，在做法上更富有变化，如“胹鳖炮羔”的做法就与“八珍”中“炮豚”相似。在调味上，楚人更为考究，“大苦咸酸，辛甘行些”，即是说在烹调过程中把五味都适当地用上，《楚辞》在对膳、馐、饮的描述中都涉及五味调和问题，在一定程度上反映了楚人对五味已有了较深入的了解。

中国的菜肴制作到汉代就初步形成了一个较为完整的体系。据 1972 年长沙马王堆一号汉墓出土的简策记载，西汉时精美肴馔已有近百种。而到明清时，各地菜系均已形成，宫廷菜也出现了，大批名菜名点诞生，中国古代菜肴的烹饪技艺达到顶峰。

第二节　钟鸣鼎食

商周以后，由于礼乐制度的不断加强，青铜鼎与钟已不再单纯是一种炊器了，而成为礼乐制度中的重要部分，被赋予了神圣的色彩，成为贵族宴席的专用品及统治权力的象征。贵族饮食排场豪华，先秦文献中常以“累茵而坐，列鼎而食”“食前方丈，罗致珍羞；陈馈八殷，味列九鼎”来形容西周王室的宴席。当时是以鼎的多少来象征宾客的身份、宴席的等级，以及肴馔的丰盛程度。

一　宴会礼仪

宴席在西周时就已具雏形。宴席是菜品的组合艺术，具有聚餐式、规格化、社交性的特征。所谓聚餐式，是指多人围坐畅谈，愉情悦志，飞觞醉月的一种进餐方式；所谓规格化，是指宴席庖制精细，肴馔配套，餐具漂亮，礼节有秩；所谓社交性，是指通过宴饮来加深彼此了解，敦睦亲谊。西周时期的王公宴席，基本上已具有了以上几种特征。

与此同时，王公宴席的各种饮食礼节也已经十分完善。《三礼》中记载了不少种类宴筵的礼仪，后世许多重要的食礼，多可以在《三礼》中寻找到渊源，可见其影响深远。

西周贵族们举行宴会的情况，在《诗经》中也有描写，其中，最形象、精彩的要数《诗经·小雅·宾之初筵》了。诗中描述了西周幽王宴会大臣贵族的情形，从中我们可以看到西周王室宴会礼仪的基本概况以及国王和群臣纵酒失仪、行为放荡的生活图景，兹录如下：

宾之初筵，左右秩秩。
笾豆有楚，肴核维旅。
酒既和旨，饮酒孔偕。
钟鼓既设，举酬逸逸。
大侯既抗，弓矢斯张。
射夫既同，献尔发功。
发彼有的，以祈尔爵。

《诗经·小雅·宾之初筵》是一首全面、生动描写西周宴会礼仪的诗作，这首诗把宾客出场、礼仪形式、宴席食物与食器的陈列、音乐侑食和射手比箭写得清楚有序、生动简洁，宴会气氛热烈而活跃，这显然是当时“燕射礼”的艺术描写及其所应遵守的规范程序【图 1-7】。当然，“燕射礼”参与者的主要目的是饮酒作乐，因此左右揖让，射箭不过只是形式。诗中所描写的饮宴礼

图 1-7 豳风图（部分）
（美）马和之
大都会艺术博物馆藏

乐的盛大场面，比《仪礼》《礼记》所记更加形象，使人们对于西周宴会礼仪形式和实际情况有了进一步的感性认识。

西周贵族的饮宴，不仅在席位、进食等方面有礼仪之规，而且在不同宴会中馔肴、饮品、醯酱等物的摆放上，也有一定的规矩，不得错乱。一般宴席的肴馔食序，大抵是先酒、次肉、再饭。后世人们宴客，也是先上茶，次摆酒肴，最后是鱼肉饭食，每次食完毕都将席面清洁一次，仍继承着西周时宴会礼仪的食序。

二　汉宫宴会

汉朝初年，宫廷筵席较为简单，随着国力殷实，宴乐又蓬勃兴起，并且注重规范。1968 年，在河北满城发掘出了西汉皇室成员中山靖王刘胜的墓。庞大的墓室好似地上的宫殿建筑。前堂是近似方形的厅堂，长约 15 米，宽 12 米。厅堂里摆满了各种各样的生活器物，有铜器、铁器、陶器、漆器和金银器，还有象征侍从的陶俑、石俑，以及出行时使用的仪仗。铜器种类很多，主要有鼎、釜、甗、钟罍、链子壶等。特别引人注目的是设在厅堂中部和南部的两套宴饮时使用的帷帐，帐的木架和帐幕虽然已经朽烂，但从遗存的铜质构件等物来看，这里原来是个宽敞、富丽的宴会厅堂。

据考古专家分析，从大量陈设的豪华精致

的酒器、食器和象征奴婢的石俑、陶俑来看，这正是刘胜生前宴请宾客的真实写照。

在中山靖王刘胜的墓中，有两件非常精美的铜壶，其中一件名为错金银鸟篆文铜壶，上面刻有铭文，铭文的内容主要是反映宴会盛况的：

仪尊成壶，盖圆四苻。
盛况盛味，于心佳都。
厌于口味，充润血肤。
延寿去痛，万年有余。

从上述宴会厅之宽敞，陈设之讲究，铭文记载之盛况等方面来看，汉代宫廷筵席已颇具规模。翦伯赞先生的《中国史纲》在论述秦汉宫廷饮食时说："当其宴享群臣之时，则庭实千品，旨酒万钟，列金罍，班玉觞，御以嘉珍，飨以太牢。管弦钟鼓，异音齐鸣，九功八佾，同时并舞。"可见当时宴会规模之盛大。

文献还记载，汉代每逢新年，皇帝都要大宴群臣。每到元旦佳节，长安都城如同闹市，车水马龙。元旦黎明时，夜漏未到七刻，各级官吏，上自诸侯、三公九卿，下至四百石的小吏，都要来给皇帝行贺岁之礼。有的乘羽盖华丽的驷马高车，有的乘高敞舒适的轩车，有的骑高头大马，一个个华衣艳服、高冠博带，聚会在宫前。皇帝也兴致勃勃地来到德阳殿接受群臣的朝贺。这次朝贺因为是正月正日，所以也叫“正朝”。

据《汉官仪》和《后汉书·礼仪志》记载，汉代制度规定:群臣入宫拜年时，公侯要奉送玉璧，俸禄二千石的官员送羔，千石、六百石的官员送雁，四百石以下的小官送雉，这是给皇帝的拜年之礼。皇帝也要大摆筵席款待群臣。二千石以上的官员可以上殿，在皇帝面前举觞敬酒呼万岁，然后由大司空奉羹、大司农奉饭，在锣鼓弦乐声中，君臣饮宴欢度佳节。

第三节 别开生面

经过魏晋南北朝时胡汉饮食文化的碰撞与交融，终于衍生了熠熠生辉的唐宋饮食文化。

一 唐代饮食

中国饮食文化在唐代进入一个新阶段，特别是在中唐以后，一大批新兴商业城市不断涌现于南方地区，如扬州、杭州、常州、湖州和苏州等，都是当时拥有数十万或近百万人口的大城市。城市人口的增加，极大地促进了饮食业的兴旺，星罗棋布的酒楼、餐馆、茶肆，乃至沿街兜售小吃的摊贩，已成为都市繁荣的主要特征。段成式《酉阳杂俎》中记载唐代长安的著名食品有："萧家馄饨，漉去汤肥，可以瀹茗。庾家粽子，白莹如玉。韩约能作樱桃饆饠，其色不变"。许多饮食店都以富有特色的美味佳肴来展示本店的特点，以招徕更多的食客。

唐代交通十分发达，方便了各地饮食文化的交流。当时以长安为中心，设置驿路，贯通于全国各地，“东至宋汴，西至岐州……南诣荆襄，北至太原、范阳，西至蜀州、凉府……夹路列店肆待客，酒馔丰溢以供商旅”。唐代各主要河流都可以通航，所以在长安的南食店中可以吃到岭南菜和淮扬菜，而在扬州也有北食店、川食店和鲁食店等，后来淮扬菜的风味，就融有南北风味。此时，国际通商路线也十分畅达，从长安经“丝绸之路”可达中亚、西亚和欧洲，这些地区的饮食风俗也大量传入，使长安盛行胡食。海路方面都由广州出发，可达南海、非洲。当时，在广州居住的有大食、波斯、天竺、师子国、真腊、诃陵等国商人 10 余万，一方面刺激了粤菜的发展，另一方面也给粤菜的发展烙下了深深的外来印记。

在这种背景下，唐代饮食市场呈现出如下几个特点：

胡风盛行 《旧唐书 · 舆服志》记载，唐代“贵人御馔，尽供胡食”。所谓胡食，就是古代西北少数民族的饮食。胡食流行成为唐代社会的一个显著特点，其中最常见的是胡饼和饆饠。

除了制作或出售胡食外，胡人在饮食业中经营的项目还有酒店业。以致所谓“酒胡”或“酒家胡”（指经营酒肆的胡人）竟成了唐人诗歌中的常用语，唐初王绩诗称“来时长道贳，惭愧酒家胡”，王维诗中也有“画楼吹笛妓，金碗酒家胡”。长安的酒家胡最多，东西两市是酒家胡较集中的地方，李白诗云“落花踏尽游何处，笑入胡姬酒肆中”。酒家胡几乎均以女子当垆，因而在诗人的笔下“胡姬”几乎成了酒家胡的同义语。这些当垆的胡姬多是极尽美貌者，她们对于顾客极富吸引力，加之良好的陈设和精美的肴馔，因而酒家胡的生意特别兴隆，招徕无数文人酒客汇聚于此。可以毫不夸张地说，酒家胡与胡姬已成为唐朝餐饮文化中的一个重要的特征。

地域特色明显 由于地理环境的不同，南北饮食差异自古就存在。随着时间的推移，逐渐形成了南北风味不同的两大菜系。唐时北方饮食多受胡味影响，喜食肉饼。唐代以前，人们将长江中下游和岭南的饮食风味称为“南味”；到唐代时，“南味”已经一分为三，即西南以长江中上游的川味占优势，东南有长江中下游的淮扬味，岭南则以珠江流域和闽江流域的粤闽味为主导。它们正是在各自地域饮食资源的前提下，因地域、经济和文化的不同而逐渐形成的。巴蜀地处盆地，雾气重、湿润，故人们嗜食辛辣，习以为俗。淮扬系地处长江中下游，面临东海，海洋捕捞业十分发达，各类水产品特别丰富，时鲜蔬果也多。粤闽系背靠五岭，面临南海，物产丰富，由于气候温热，动物水产丰富，狸、猫、猴、蛇野味居多。可见，唐时我国古代四大菜系——川、鲁、粤、苏系已初具雏形。

饮食品种丰富多彩 唐人在饮食方面不断创新，花色品种增多，呈现出一派丰富多彩的局面。唐人的主食做法逐渐由单一饭粥向多种食物原料相互搭配方面发展，这些配料颇为奇巧，因而制作也愈加精美。

唐代比较著名的饭食有“青精饭”，它是一种富有营养又兼食疗的饭。还有岭南名食“团油饭”，它是用煎虾、鱼炙、鸭鹅、猪羊肉、鸡子羹、蒸肠菜、姜桂、盐豉等合制而成，供富贵人家妇女产儿三日或满月行洗礼时食用。唐代宫廷的“王母饭”是皇室贵族席上的主食之一，类似今日的盖浇饭。

唐代的面食也较前代丰富，如面条的品种就增加许多，杜甫、白居易、刘禹锡等人均歌咏过“冷陶”“汤饼”。所谓“冷陶”，即过水凉面，“汤饼”即汤面。唐代不仅面条种类繁多，而且还出现了众多发酵面团和其他面团制品，如包子、油条、点心。点心之名就源于唐朝，宋人吴曾《能改斋漫录》中云：“世俗例，以早晨小吃为点心，自唐时已有此说。”1972 年在新疆吐鲁番唐墓中出土的三种花式点心【图 1-8】，相当精致，其中一种梅花形的带馅点心，完全可以与现代的点

图 1-8 唐代花式面点
1972 年于新疆吐鲁番

心相媲美。再如唐代大臣授官，要向皇帝进献筵席，名曰“烧尾”，取鱼跃龙门，官运亨通之意。韦巨源《食谱》中记载他在拜尚书左仆射后，宴请唐中宗的面点达 25 种之多，其中有单笼金乳酥、曼陀样夹饼、贵妃红、七返膏、金铃炙、见风消、玉露圆、水晶龙凤糕，双拌方破饼、八方寒食饼等。这些面点都有色泽、造型方面的严格要求，充分说明唐代的面点制作工艺水平高，花色品种多、风味独特、在中国面点发展史上有十分重要的地位。

唐代的烹饪技艺也较前代有较大的进步，名菜佳肴争奇斗艳，如炙品名肴有唐代八珍之一的驼峰炙，还有一种名为“浑羊殁忽”的烧烤名肴，出自唐代宫廷。古人把鱼或肉细切而成的菜叫脍，唐代的脍当时最负盛名的是“金齑玉脍”，它是用松江鲈鱼制成，江南人原名为“松江鲈鱼脍”。据《隋唐嘉话》载，隋炀帝品尝后说：“金齑玉脍，东南佳味也。”这道菜在唐代宫廷宴席上经常出现。

中国的花式拼盘菜肴大约起源于隋代，当时叫作“看食”。到了唐代，既能观赏，又可食用的拼盘得以问世，并正式登上宴席。唐代诗人王维晚年所居的辋川别墅有二十一胜景，后来，唐代一位法名梵正的比丘尼，用酱肉、肉干、鱼鲊、酱瓜之类的冷食，将这21景在食盘上拼制出来。陶谷《清异录》云：“辋川小样，比丘尼梵正庖制精巧，用鲊、臛、脍、脯、醢、酱、瓜、蔬，黄赤杂色，斗成景物。”这一杰作开绘画雕塑艺术与烹饪技艺巧妙结合之先河。

汉和唐都是我国饮食文化发展史上极为重要的时期，但是，唐代的饮食文化又较之汉代更加成熟，这主要是唐代经济比前代发达，并广泛地开展了中外文化的交流，兼容并包地摄取了域外文化的营养的缘故，使得唐代的饮食文化给人一种古朴而又清新、多彩的感觉。

二　宋代开封饮食

宋代是中国饮食文化史上承前启后的阶段。这时都市饮食市场日趋繁荣，市井口味凸显；民族饮食文化交流频繁，各民族烹饪技艺互相交融、渗透；饮食保健专著的出现，使实践经验上升为理论；各地名菜佳肴纷纷涌现。我们从开封的饮食市场中，不难看到这些景象。

北宋时，开封是全国政治、经济、文化中心和中外贸易枢纽，城内商行林立，酒楼饭馆鳞次栉比。孟元老《东京梦华录》称："集四海之珍奇，皆归于市；会寰区之异味，悉在庖厨。"宋人周邦彦也说，北宋开封市场上是"竭五都之瑰宝，备九州之货赂"，这并非是夸张之词。他举例说："安邑之枣、江陵之橘、陈夏之漆、齐鲁之麻、姜桂藁谷、丝帛布缕、鲐鮆、鲰鲍、酿盐醯豉。或居肆以鼓炉橐，或磨刀以屠猪彘。又有翳闾之珣玕、会稽之竹箭、华山之金石、梁山之犀象、霍山之珠玉、幽都之筋角、赤山之文皮，与夫沉沙栖陆，异域所至，殊形妙状，目不给视，无所不有，不可殚记。"可见当时京城开封农副产品之多，这也为餐饮业提供了丰富的原料。

宋代开封的餐饮市场呈现出十分繁荣的景象，这主要表现在以下几个方面：

第一，坊市合一。开封城的市场，在宋代以前，都设置在城内的一定地点，由官家管理，而不是由工商业的自然集聚自由形成的。北宋时，政府改变了这种官市制度，商业的门面铺席、工匠的作坊货肆，已散布于开封城内各处，正如《东京梦华录》中说："至浚仪桥之西，即开封府。御街一直南去，过州桥，两边皆居民。街东车家炭、张家酒店，次则王楼山洞梅花包子、李家香铺、曹婆婆肉饼、李四分茶。至朱雀门街西过桥，即投西大街，谓之曲院街。街南遇仙正店，前有楼子，后有台，都人谓之‘台上’，此一店最是酒店上户，银瓶酒七十二文一角，羊羔酒八十一文一角。街北薛家分茶、羊饭、熟羊肉铺。向西去皆妓女馆舍，都人谓之‘院街’。街廊西即鹿家包子。余皆羹店、分茶、酒店、香药铺、居民。”

由此可见，开封城内店铺与官署、民居交相混杂，店铺林立，坊市遗迹荡然无存。坊市分离制度的打破，促进了商业的繁荣。

第二，生意兴隆。开封城内的市场异常热闹，汴河桥附近更是人声鼎沸，百货琳琅满目，这些

现象在宋人张择端的《清明上河图》【图 1–9】中有鲜明体现。

李焘《续资治通鉴长编》记载，开封至少有160行，如果子行、肉行、米行、菜行、蟹行、炭行等。例如鱼行，每日早晨从各城门入市的鲜鱼有数千担之多，主要为居民、官府和餐馆所购买。冬季河道冰封，还由远处用车运来黄河鲤鱼，谓之“车鱼”。肉行供应肉，坊巷桥市，皆有肉案，随应所取。菜市上，四季都有蔬菜供应，数量甚大。

开封城内的店铺生意也十分红火，如开封城东街的潘楼酒店，“其下每日自五更市合，买

图 1–9 清明上河图局部
北宋张择端 清明上河图
北京故宫博物院藏

卖衣物书画珍玩犀玉，至平明，羊头、肚肺、赤白腰子、奶房、肚胘、鹑兔、鸠鸽、野味、螃蟹、蛤蜊之类讫，方有诸手作人上市买卖另碎作料。饭后饮食上市，如酥蜜食、枣糊 、磴砂团子、香糖果子、蜜煎雕花之类。向晚卖河娄头面、冠梳领抹珍玩动使之类”。这种多种经营的饮食店，在开封城内十分常见。

第三，早市、夜市异常热闹。宋代以前，开封一直保持着古代“日中为市”的制度，城市市场是朝聚夕散，市门也是朝开夕闭。这些限制，到北宋年间才被解除，《宋会要辑稿·食货》中说：“太祖乾德三年四月十三日，诏开封府，令京城夜市至三鼓已来，不得禁止。”

早市一般自五更开始，开封东街茶坊，“每五更点灯……至晓即散，谓之‘鬼市子’”。早市以卖食物为主，“酒店多点灯烛沽卖，每分不过二十文，并粥饭点心。亦间或有卖洗面水，煎点汤茶药者，直到天明”。

夜市一般自三更止，也有到三更以后的，多卖经济小吃，不论春夏秋冬，四时皆有。“冬月虽大风阴雨，亦有夜市”。 如“州桥夜市”上主要经销的品种有：“当街水饭、熬肉、干脯。王楼前獾儿、野狐、肉脯、鸡。梅家、鹿家鹅、鸭、鸡、兔、肚、肺、鳝鱼包子，鸡皮、腰肾、鸡碎，每个不过十五文。曹家从食。至朱雀门，旋煎羊、白肠、鲊脯、冻鱼头、姜豉碟子、抹脏、红丝、批切羊头、辣脚子、姜辣萝卜。夏月麻腐鸡皮、麻饮细粉、素签沙糖、冰雪冷元子、水晶皂儿，生淹水木瓜、药木瓜、鸡头穰沙糖、绿豆、甘草冰雪凉水、荔枝膏、广芥瓜儿、咸菜、杏片、梅子姜、莴苣笋、芥辣瓜旋儿、细料馉饳儿、香糖果子、间道糖荔枝、越梅、锯刀紫苏膏、金丝党梅、香枨儿、皆用梅红匣儿盛贮。冬月盘兔、旋炙猪皮肉、野鸭肉、滴酥水晶脍、煎夹子、猪脏之类，直至龙津桥须脑子肉止，谓之杂嚼，直至三更。”

宋代开封的珍馔名肴脍炙人口，城内有大型酒楼 72 户，谓之“正店”，经营的菜肴珍羞，有数百种之多。烹调技法有炸、熘、炒、爆、炖、煮、蜜、冻等三十多种，曾一度将中原饮食文化推进到一个崭新的高度。

开封城内官员与平民的主食以面食为主。面食和点心的制作可谓形式多样。据《东京梦华录》【图 1–10】等书记载，当时著名的面点有：王楼包子、曹婆婆肉饼、万家馒头、胡饼、宿蒸饼、水晶包儿、千层儿、四色馒头、肉果食、羊肉馒头、太学馒头、油酥饼儿、芙蓉饼、鸭饼、花花油饼、笑靥儿、金银炙焦牡丹饼、脂麻团子等。面点的制作，运用了烘烤、油炸、炊蒸、水煮、油煎等多种方法。

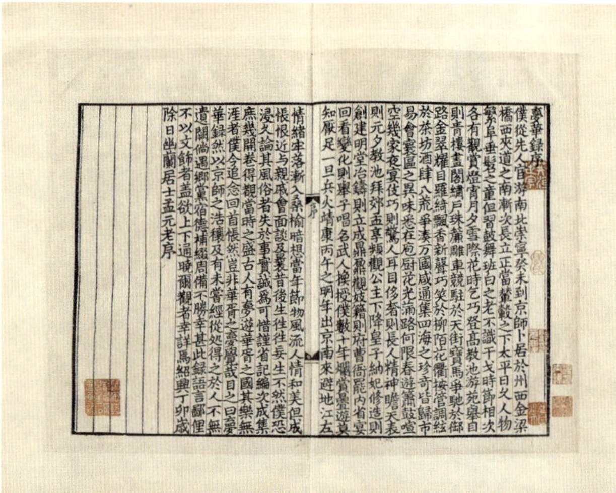
夢華録序
僕從先人宦游南北崇寧癸未到京師卜居於州西金梁
橋西夾道之南漸次長立正當輦轂之下太平日久人物
繁阜垂髫之童但習鼓舞班白之老不識干戈時節相次
各有觀賞燈宵月夕雪際花時乞巧登高教池游苑舉目
則青樓畫閣繡戶珠簾雕車競駐於天街寶馬爭馳於御
路金翠耀目羅綺飄香新聲巧笑於柳陌花衢按管調絃
於茶坊酒肆八荒爭湊萬國咸通集四海之珍奇皆歸市
易會寰區之異味悉在庖廚花光滿路何限春遊簫鼓喧
空幾家夜宴伎巧則驚人耳目侈奢則長人精神瞻天表
則元夕教池拜郊孟享頻觀公主下降皇子納妃修造則
創建明堂冶鑄則立成鼎鼐觀妓籍則府曹衙罷內省宴
回看變化則舉子唱名武人換授僕數十年爛賞疊遊莫
知厭足一旦兵火靖康丙午之明年出京南來避地江左
情緒牢落漸入桑榆暗想當年節物風流人情和美但成
悵恨近與親戚會面談及曩昔後生往往妄生不然僕恐
浸久論其風俗者失於事實誠爲可惜謹省記編次成集
庶幾開卷得覩當時之盛古人有夢遊華胥之國其樂無
涯者僕今追念回首悵然豈非華胥之夢覺哉目之曰夢
華録然以京師之浩穰及有未嘗經從處得之於人不無
遺闕倘遇鄉黨宿德補綴周備不勝幸甚此録語言鄙俚
不以文飾者蓋欲上下通曉爾觀者幸詳焉紹興丁卯歲
除日幽蘭居士孟元老序

图 1–10《东京梦华录》书影

这些面点的名称来历都有典故，其中以太学馒头的来历最有趣。相传宋神宗在开封视察太学时，吃了太学厨师制作的馒头，颇为满意地说："以此养士，可无愧矣！"从此，学生们都以食这种馒头为荣，"太学馒头"的名称因此传遍开封。宋室南渡之后，又成为杭州的名点。

宋代开封城中面条的吃法也很多，一般的面条上面都浇有各种配料，如猪羊盦生面、鸡丝面、三鲜面、鱼桐皮面、银丝冷淘、笋泼肉面、炒鳝面、子料浇虾臊面、三鲜棋子面等。

开封城的肉食消费中，羊肉占的比重较大，其中多为宫廷食用。据宋代《政和本草》载，食羊肉有"补中益气，安心止惊，开胃健力，壮阳益肾"等良效，因此，宋人认为"人参补气，羊肉补形"。所以，北宋宫廷的肉食几乎全用羊肉，而从不用猪肉。这不但是习惯，而且上升到宋朝“祖宗家法”的高度。如《后山谈丛》所言：“御厨不登彘。”《续资治通鉴长编》记载辅臣吕大防为宋哲宗讲述祖宗家法时说：“饮食不贵异品，御厨止用羊肉，此皆祖宗家法所以致太平者。”所以，为供应京城开封，每年要从陕西等地运来数万只羊。宋仁宗时，宫廷中食用羊肉量达到最高额，竟日宰羊 280 只，一年即十万余只。

羊肉制作也别有风味。如在北宋建立不久，定都于杭州的吴越国王钱弘俶去开封朝拜宋太祖赵匡胤。宋太祖命令御厨烹制南方菜肴招待，御厨仓促上阵，“取肥羊肉为醢”，一夕腌制而成，叫做“旋鲊”，深受宋太祖及客人欢迎。因此，宋代宫廷大宴，“首荐是味，为本朝故事”。

开封饮食场所甚多，高级一点的称为“酒楼正店”，如丰乐楼、会仙酒楼、长庆楼、八仙楼等。从《清明上河图》中画的“正店”酒楼【图 1-11】来看，多有壮观的门楼，门楼的四周挂满了五颜六色的彩招；后有院落，院后酒坛堆积如山，楼阁内宾朋满座。

正店之外，还有许多小酒店，称为“脚店”。主要经营煎鱼、鸭子、鸡、兔、血羹等家常下酒菜，“每分不过十五钱”，十分便宜。

开封还有许多食店，食店大者谓之“分茶”，主要经营头羹、白肉、胡饼、生软羊面、冷淘、

图 1-11 “正店” 酒楼

棋子、寄炉面饭之类。客人一进食店，就有一侍者手持菜单，遍问顾客，客人随意挑选，或冷或热、或温或热，或绝冷、精浇、膘浇之类。选定之后，侍者高声唱菜，报与掌勺厨师，“须臾，行菜者左手杈三碗、右臂自手至肩驮叠约二十碗，散下尽合各人呼索，不容差错。一有差错，坐客白之主人，必加叱骂，或罚工价，甚者逐之”。可见其服务周到，秩序井然。

食店之外，还有馄饨店和卖些瓜韭、萝卜之类的经济小吃店以及一些素食店，供食斋者享用，再就是沿街串巷流动叫卖的零熟食者。

开封就是由这些星罗棋布的酒楼食店、比比皆是的食摊小贩组成了一个繁荣的京城饮食市场，并逐渐形成了一个分等划类的饮食场所的雏形。

开封饮食业的兴盛，促进了整个宋代饮食文化的发展，从《梦粱录》有关饮食的记载来看，南宋临安的饮食业及饮食风俗直接继承了北宋汴京开封的传统。以饮食业的经营方式为例，南宋初年临安的饮食店肆多由南渡的中原人开设，从装潢陈设到经营管理，两地饮食店肆的面貌极其相似。如“杭城食店，多是效学京师人，开张亦效御厨体式，贵官家品件”。“汴京熟食店，张挂名画，所以勾引观者，留连食客。今杭城茶肆亦如之，插四时花，挂名人画，装点店面”①。

南宋时，随着政治中心的南迁，开封的许多酒楼食店也纷纷迁往杭州【图 1–12】，据《都城纪往》称：“京城（杭州）食店多是旧京师（开封）人开设。”开封的饮食业在杭州也得到了发

① 吴自牧：《梦粱录》，北京：文化艺术出版社，1998年，第256页。

展，这对于南北饮食文化的交流与融和起了一定的积极作用，并且对南方人饮食习惯也有较大影响，这正如吴自牧所言："向者，汴京开南食面店，川饭分茶，以备江南往来士夫，谓其不便北食故

图 1–12 杭州北关夜市

耳。南渡以来，几二百余年，则水土既惯，饮食混淆，无南北之分矣。”开封饮食文化影响之大，由此可知。南宋时杭州饮食文化的繁荣与发展，在一定程度上来说，是与以开封为代表的中原饮食文化紧密相连的。

第四节 嬗变融合

在西学东渐的影响下，中国人的饮食习俗也开始出现了与传统饮食习俗相背离的倾向，其原因就是西方饮食文化以前所未有的规模大量传入。中西饮食文化的交流和碰撞，拓宽了中国人的文化视野，使中国人不仅在饮食习俗方面有所变化，更重要的是在思想观念上也发生了深刻的变化。从某种意义上来说，中国近代的社会转型就是由其催生助长的。

一 以饮食为先导的近代化

自从西方列强用大炮轰开了中国的国门，中国也就开始了近代化的历史进程，融入了更广泛的世界体系之中。这时的中国已不再是一个强国或先进国，而是作为一个弱国形象出现于西方列强面前，西方的物质文明明显领先于中国。因此在这种大背景下，中国人普遍产生了一种崇洋媚外的文化心态，使得西方饮食成为一种时尚。这种情形，不仅中国如此，开风气之先的日本也是这样。亚洲国家中西化最早而又收效最大的当数日本，而日本的西化，又是以饮食为先导的，因此有必要回顾一下日本是如何接受西方饮食文化的。

日本明治维新时，政府由于近代化建设的需要，努力在西方各国中寻求典范。当时，明治政府将如何使用西餐、穿戴西服列为政府要人的必修之课，社会上也出现了以模仿西洋人的程度来判别教养高低的风潮，崇拜西方几乎达到了狂热的地步。

日本最早接触西餐的是幕府末年的遣欧特使及随行人员，其代表人物有三井物产创始人益田孝。他在1860年作为见习翻译赴欧时，曾在半夜里和同事们用刀切下吊在厨房里的牛肉，煮着吃了。他说："并不是因为好吃才吃，西洋人真伟大，可能是吃了牛肉之故。我们和西洋人吃一样的东西，为的是和他们一样伟大起来。"益田孝的这种思想在当时的日本很普遍，明治政府还公布了许多奖励肉食的政策，从西方引进种牛、种猪，他们把使用牛肉烹制的西洋菜作为文明开化的象征。明治八年(1875)，西餐作为正式饮馔在皇宫中被采用了。明治十六年(1883)，日本建造了西洋风格的鹿鸣馆，鹿鸣馆之馆名，来源于

《诗经·小雅·鹿鸣》，该馆成为日本官方最高规格的社交宴会场所，鹿鸣馆的西餐制作已经达到西方的最高水平。

日本明治维新时期对西方饮食的导入，主要是由于日本对西方近代化的向往，受西方至上的价值观念支配而发展起来的，它是为日本社会改革服务的。事实上，日本饮食生活的西化，也促进了日本社会的开放。

二　由冲突走向融合

1840年以后，西方饮食文化通过各种路径不断涌入中国，其速度之快、势头之猛，在中华文化对外交往史上都是空前的。为了系统地将西方烹饪方法传授给中国厨师和家庭主妇，在上海的美国传教士高丕弟的夫人撰写了《造洋饭书》【图1-13】，并于同治五年(1866)由英国浸礼会美华书馆出版。书的开头有一篇《厨房条例》，着重讲饮食卫生的重要性。其后是各类西餐菜点食谱，其中有汤、鱼、肉、蛋、糖食、排、朴定(布丁)、饼、糕等，共25章，267个品种，大部分都列出了用料和制作方法，它是西方各国烹饪方法的汇编。因此，《造洋饭书》的文化价值远远超过了一般的烹饪书籍，因为它的文化传播内容涵盖了美国与西欧的多种文化成分。

在以《造洋饭书》为代表的西方饮食文化知识得到广泛传播的同时，作为西方饮食文化综合

图1-13《造洋饭书》书影

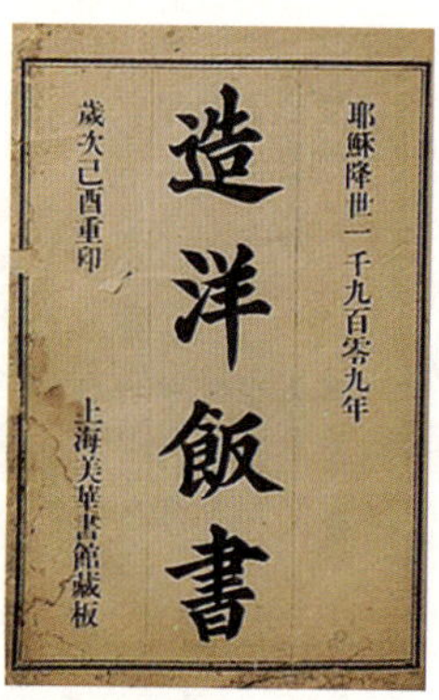

载体的西式餐馆也在中国的繁华城市中相继出现。正如《清稗类钞》所云："我国之设肆售西餐者，始于上海福州路之一品香，其价每人大餐一元，坐茶七角，小食五角，外加堂彩、烟酒之费。当时人鲜过问，其后渐有趋之者，于是有海天春、一家春、江南春、万丈春、吉祥春等继起，且分室设坐焉。"北京的六国饭店则是较高档的西餐饭店，是中国达官贵人摆阔气的地方，正所谓"海外珍奇费客猜，两洋风味一家开。外朋座上无多少，红顶花翎日日来"。

都市西餐业的兴旺，极大地刺激了中国上层社会对这一文化模式的体验心理。宫廷、王府和民国政府要员的官邸，或设有"番菜房"，或聘有番菜烹调师，有的甚至发展为"器必洋式，食必西餐"了，崇洋心理越来越浓。正如胡朴安《中华全国风俗志》所云："向日请客，大都同丰堂、会贤堂，皆中式菜馆。今则必六国饭店、德昌饭店、长安饭店，皆西式大餐矣"，"昔日喝酒，公推柳泉居之黄酒，今则非三星白兰地、啤酒不用矣"。饮食习俗日渐西化。

应该看到，西方饮食文化的传入，是中外经济、文化交流的结果。它对中国人在饮食方面的意识、观念、以及生活方式等方面都产生了广泛而深刻的影响，具体表现为：

第一，中国传统宴席方式出现了改良趋

势。中国传统的宴席方式一般是共享一席的会食制，遇有喜庆节日，无不是以大宴宾朋来表示，其特征可用“食前方丈”来概括。这种“津液交流”的会食制虽然显得热烈隆重，彼此表现得亲密无间，和气一团，但从卫生的角度来看不太妥当，也很浪费。反映了中国古代哲学中“和”这个范畴对民族饮食思想的影响。饮食毕竟是民族心理的一种折射，在这个因素的主导下，卫生也就退居其次了。

与中国的饮食方式不同，西方流行分餐制和自助餐的形式。这种饮食方式，卫生节俭是一个原因，同时也是社交的需要。如自助餐就很便于个人之间的情感交流，表现了西方对个性的追求。不同的饮食方式反映出了在不同文化熏陶下所形成的不同的国民性格。

19 世纪中叶以后，受西方文化的影响，自助餐这种饮食方式的传入中国，中国知识界也兴起了改良宴会之风。他们参照中西宴会的规格，改良出中西合璧的宴席。历经多次改革，当代中国在许多正式的场合已实行了某种程度的分餐制，有些场合也改为自助餐了。中国传统宴席方式的改变已成为一种不可逆转的趋势。

第二，烹饪更注重科学。中国传统的烹饪方法，比较注重菜肴的整体效果，讲究调和鼎鼐，把味道放在首位，很难进行定性定量的具体分析，带有浓郁的中国哲学的调和色彩。一切讲究的是整体配合，以菜肴的色香味形的美好、谐调为度，度之内的千变万化就决定了中国饮食的丰富和善于变化。

而西方烹饪方法多从理性角度考虑，注重营养和卫生，对味道之美反而不大讲究，呈现出味道单一，营养价值一目了然的特点。两种烹饪方法反映了东西方两种截然不同的饮食观念。

随着近代中西文化交流的频繁，中国知识界也开始学习西方，从烹饪原理、营养卫生、食物化学的角度来对传统烹饪方法进行理论分析，出现了一批对食物成分和烹饪理论进行研究和分析的专著与论文，东西方的烹饪方法正在不断渗透，取长补短。

第三，丰富了中国饮食文化。就像汉唐时期西域食品传入中原极大地丰富了中国人民的饮食生活一样，近现代西方饮食文化的舶来，也引起了中国近代饮食生活的较大变化。如啤酒、汽水、奶茶、蛋糕及各种西式快餐等，渐渐受到了中国人的欢迎，同时也加快了中国人的生活节奏。另外，西菜中做、中菜西做、中西合璧也为人们所接受，如“铁扒牛肉”“华洋里脊”“西法大虾”“西洋鸭肝”等菜，均是西菜中做、中菜西做的佳品，常出现在20世纪初叶中国的食单上。可以说，近现代中国饮食文化的发展，就是在融中西饮食文化精华于一炉的过程中实现的。

近现代西方饮食文化在经过了一段与中国文化相冲突的过程后，正逐渐融合于中国文化之中。由冲突走向融合的结果，使外来的许多习尚已成为中国人生活中须臾不可少的一部分。我们的生活呈现出与先人不同的风貌。这就使中国传统饮食习俗中出现了创新，且创新中又蕴含着传统。就像农作物的近亲繁殖必然使其原有的优良本性逐渐退化，而远缘杂交，不仅可以保持双方原先所具有的优良本性，还可以提高它的品质。近代西方饮食文化的传入，如同农作物的远缘杂交一样，产生了既有传统特征，又有外来风格的中国近现代饮食文化。它使中国在文化形态上完成了古代向近代的转型，并促进中国社会更加开放。在这里，关键是既不盲目排外，又不崇洋媚外，而是博采域外文化精华以兴我中华文化，这既是中国饮食文化创新的方法，也是中国饮食文化发展的方向。

第二章　舌尖中国

中华大地自古地大物博，地理环境、农业发展水平，以及风俗习惯等都有较大差异，这些因素又造就了各地不同的饮食文化类型。随着时代的发展，加之烹饪技术的成熟，各地的饮食愈加精致和完善,逐渐形成了地方菜肴的风味特色。中国古代多用“菜帮”来称谓地方风味菜，后世称为“菜系”，主要有川、鲁、粤、苏四大菜系，后又增加徽、湘、浙、闽、鄂、京等不同风味。这些地方风味到明清时已经十分完善，品种风味蔚为大观，并自成体系、各具特色。

第一节　菜系纵横

在中国各地，流传着好几个版本的《口味歌》，其中一首是这样的：

南味甜北味咸，东菜辣西菜酸。
南爱米北喜面，沿海常食海鲜。
辣味广为接受，麻味独钟四川。
劳力者重肥厚，劳心者轻咸甜。
少者香脆刺激，老者烂嫩松软。
秋冬偏于浓厚，春夏偏于清淡。
悉心体察规律，尊客随机应变。

还有一首，也很有意思，兹录如下：

安徽甜，湖北咸，福建浙江咸又甜；
宁夏河南陕甘青，又辣又甜外加咸。

山西醋，山东盐，东北三省咸带酸。
黔赣两湘辣子蒜，又辣又麻数四川。
广东鲜，江苏淡，少数民族不一般。
因人而异多实践，巧调能如百人愿。

中国幅员广袤，地理环境千差万别。各地地形地貌不同，气候不同，物产不同，口味不同，这是产生和形成地方风味的最重要的原因。例如沿海地区产海味，山区多山珍，这就造成食品原料和饮食习惯的差异。俗话说“靠山吃山，靠海吃海”，从这一意义来理解，也颇有趣味。又如北方气候寒冷，人们习惯吃味咸油重色深的菜；南方气候炎热，人们就偏向吃得清淡些；川湘云贵多雨潮湿，人们唯有吃辣才能驱风祛湿。中国各地饮食风味之不同，都可以从自然条件和烹饪方法中找到内在的原因。

从中国烹饪发展史看，最早的地方菜只有两大派，即南方菜和北方菜。《诗经》中反映出来的食品原料，主要是猪、牛、羊，水产仅鲤鱼、鲂鱼等少数几种，代表着西起秦晋，东至齐鲁，以黄河流域为主的北方风味。而《楚辞》中反映出来的食品原料，则以水产和禽类居多，具有长江流域的南方风味，这就是明显的菜系分野。

秦汉以后，巴蜀和闽粤的开发，使中国的菜系已有所增多，但古代人并没有意识到需要区分。

所以一直到北宋的汴京和南宋的临安，繁荣的餐饮业中还只有“南食”“北食”和“川食”三大类。到了清代，康熙和乾隆各下江南六次，苏扬菜受到皇帝的赏识，士大夫们也趋之若鹜，不仅宫廷菜中增添了苏扬味，甚至在北京街上也开办起经营苏扬菜的饭店，从此苏扬菜独树一帜，成为南方菜的佼佼者。鸦片战争以后，门户开放，加快了中外交流的步伐，接受外来影响较深的粤菜也随之脱颖而出。到清末民初，中国菜系才大致上有了眉目。《清稗类钞·各省特色之肴馔》中云：“肴馔之有特色者，为京师、山东、四川、广东、福建、江宁、苏州、镇江、扬州、淮安。”这里已包含了我们现在所说的几大菜系了。由此可见，菜系是历史发展中自然形成的，并不是任何人可以随心所欲强加的。

关于现在中国的大菜系究竟有多少，人们的意见并不统一，有四大菜系说、八大菜系说，也有十二大菜系说，等等，争议很大。其中公认的有四大菜系，即鲁菜、川菜、苏菜、粤菜，其他比较著名的还有京菜、沪菜、闽菜、湘菜、鄂菜、浙菜、皖菜、秦菜等，这些菜系在烹饪方法上各有所长。

先让我们来看看四大菜系的特点：

川菜 以四川成都、重庆两地为代表，还包括乐山、江津、自贡、会理、会东等的地方菜。“川菜”享有“一菜一格”“百菜百味”的美誉，其基本味有麻、辣、甜、咸、酸五味，调味多用辣椒、胡椒、花椒。川菜烹调方法多样。早在清代，《醒园录》就系统地收集了川菜38种技法，后经川菜厨师的继承和发展，川菜的烹调技法更是精湛而多彩，有炒、煎、烧、炸、腌、卤、熏、泡、蒸、熘、煨、煮、炖、焖、爆、炮、煸、烩、糁、贴、酿、糟、风、醉、拌、烘、烤等几十种之多，尤其是小煎小炒，干烧干煸最具特色。小煎小炒不过油，不换锅，急火短炒，芡汁现兑，一锅成菜嫩而不生，滚烫鲜香。干煸干烧更见功夫，干烧菜肴，微火慢烧，用汤恰当，自然收汁。汁浓油亮，味醇而鲜，干煸技法成菜味厚而不酽，久嚼而酥香。主要代表菜有：宫保鸡丁、棒棒鸡、樟茶鸭子、麻婆豆腐、回锅肉、鱼香肉丝、毛肚火锅、四川泡菜等。

鲁菜　鲁菜是我国覆盖面最广的地方风味菜系，遍及京津唐及东北三省。起源于春秋战国时的齐国和鲁国，形成于秦汉。宋代后，鲁菜就成为“北食”的代表。其基本风味偏于咸鲜，具有鲜、嫩、香、脆的特色。十分讲究清汤和奶汤的调制，清汤色清而鲜，奶汤色白而醇，口味纯正。擅长烹制各种海鲜及爆、烧、炸、炒、蒸、扒、熘等法。鲁菜的爆、扒技法独特，历来为各流派所称道。鲁菜的“爆”法讲究急火快炒，有油爆、汤爆、葱爆、酱爆等；扒法为鲁菜独创，原料腌渍粘粉，油煎黄两面，慢火尽收汁。扒法成品整齐成型，味浓质烂，汁紧稠浓。鲁菜的主要代表菜肴有：德州扒鸡、葱扒海参、糟溜鱼片、九转大肠【图 2-1】、辣白菜等。

粤菜　粤菜是由广州、潮州等地的地方菜兼取西菜特色而发展起来的。其用料极为广泛，有“鸟兽虫蛇，无不食之”的说法。其风味特点是清淡、鲜爽、嫩而不生、油而不腻。擅长煎、炒、焗、炸、烧等法。粤菜善于兼收并蓄外地技法。历史上粤菜在形成过程中曾取北方菜、西菜之长，为其所用，独具一格。如粤菜烹调方法中的泡、扒、烤是从北方菜的爆、扒、烤移植而来。而煎、炸的新法是吸取西菜同类方法改进之后形成的。但粤菜的移植，并不生搬硬套，而是结合广东原料广博、质地鲜嫩，人们口味喜欢清鲜常新的特点，

图 2-1 九转大肠

加以发展，触类旁通。如北方菜的扒，通常是将原料调味后，烤至酥烂，推芡打明油上碟，称为清扒。而粤菜的扒，却是将原料煲或蒸至腻，然后推阔芡扒上，表现多为有料扒。代表作有八珍扒大鸭、鸡丝扒肉脯等。再如烤乳猪，曾是金陵一道传统名菜，然现盛名于广东，一是该地原料优，二是改进了技法，使成品皮脆肉嫩，色泽大红，皮麻而酥，表里浓香，适应了广东人的口味，故能在广东得以盛名不衰。再如广东菜中的果汁肉脯是借鉴西菜的猪扒创新而成，使菜肴菜汁互渗，成了名菜。广东主要代表菜肴有：脆皮乳猪、龙虎斗、冬瓜盅、蚝油网鲍片等。

苏菜　苏菜主要是由金陵菜、淮扬菜、苏锡菜、徐海菜等地方菜组成。其风味特点是：原汁原汤，浓而不腻，烂而不糊，甜咸适中，清鲜平和，菜肴四季有别。在烹调方法上以炖、焖、煨、焐、蒸、烧、炒见长，同时重视泥煨、叉烤，注重调汤，保持原汁、不失正宗治味之道；烹调出来的菜肴在口感上是咸中稍甜，保持一物呈一味的特点。一菜呈一味，适应面广，浓而不腻，淡而不薄，酥烂脱骨而不失其形，滑嫩爽脆而不失其味。主要代表菜肴有：松鼠桂鱼【图 2-2】、五味煮干丝、蕃茄虾仁锅巴、清炖蟹粉狮子头、炝虎尾等。

中国菜虽然流派林立，各成系统，但这种局面也不是铁板一块，永不改变的。随着时间的

图 2-2 松鼠桂鱼

推移，烹饪方法的相互借鉴，饮食业此消彼长的情况是经常发生的。如某地经营不善，人才零落，名菜退化，日子一久，这个地区的菜系特色就逐渐黯淡了。与此相反，另一地区的风味菜可能逐渐走红。还应该看到，交通的发达，缩短了各地区之间的距离，人们的口味也随之发生变化，各地名菜也在互相吸收对方的长处，这些都可以使这个动态结构重新组合，乃至“合久必分，分久必合”。经过几番分合，必然会在新的基础上分成新的菜系，这就有可能使中国菜“更上一层楼”。

第二节 川菜揽胜

川菜是在巴蜀文化的背景下形成的，发源于古代的巴国和蜀国。川菜以其悠久的历史、广泛的取材、多样的调味、繁多的菜式、宽广的适应性而在中国饮食领域享有盛誉，中国饮食文化中一份珍贵的文化遗产。

一 川菜探源

巴蜀位于长江上游，气候温和，雨量充沛，良田沃野，物产丰富。得天独厚的自然条件，富饶的自然资源，为川菜烹饪技术的发展提供了良好的条件。山林茂密，笋菌丰盛，江河纵横，鱼鲜肥美。猪牛羊肉、禽蛋、野味、干鲜蔬菜，四季皆有。嘉陵、雅河之中生长的江团、岩鲤、雅鱼，可称鱼类上品。山川丘陵之间，盛产银耳、虫草、贝母，皆为营养丰富的珍馐。雪山草地所出熊、鹿、獐、麂，更属馔肴上乘。许多名厨巧手，云集四川，于是逐步形成了具有巴蜀独特风味的菜品和烹调方法。

汉代以来，四川饮食文化已发展到较高水平。四川出土的画像砖、画像石、餐具食器和一些历史文献都可以证实这一点，一些诗赋对此亦有描述。汉代扬雄的《蜀都赋》就说“调夫五味，甘甜之和；勺药之羹、江东鲐鲍，陇西牛羊、籴米肥猪”及珍稀的野禽野兽等“五肉七菜”，其品种之多，不亚于战国时屈原在《招魂》中描述楚宫宴会之品数。西晋左思的《蜀都赋》说，四川豪富选择吉日良辰宴食，有“巴姬”“汉女”组成的乐队演奏，《西音》和《江上》等歌曲助乐，还有长袖飘洒飞舞流丽的舞蹈队表演。主客不顾一切地纵情享受宴食之乐，哪怕醉一个月也不在乎。宋代苏轼写的《老饕赋》也有对文人学士们宴饮习俗的描写。

明清以降，特别是清代，南、北方满汉官员纷纷入川，不少厨师随行，促进了南北与四川烹饪技术的交流。在四川的饮食业中，餐馆承包筵席时仍有南堂、南馆、南菜之称。川菜中鱼翅海参的烹制，常采用干烧、收汁、浓味或家常味的方法。家常海参加碎肉、豆瓣，经微火慢烧至亮油，稍勾薄芡成菜后，色泽红亮，香辣醇鲜，既吸取了南菜的长处，又区别于它偏重清淡的做法。清代袁枚著的《随园食单》【图 2-3】中论述

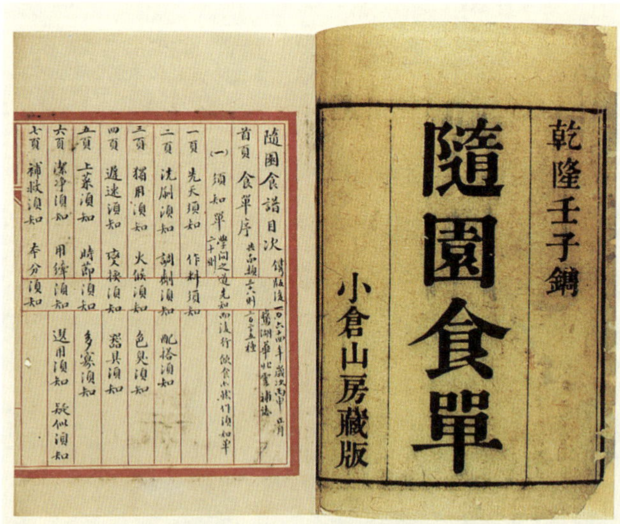

图 2-3《随园食单》书影

烧烤、粉蒸之类的菜肴，北京、山东一带已早有此菜。川菜中的叉烧全鸡、火锅毛肚、酱爆肉丝等，受到北菜烤鸭、涮羊肉、京酱肉丝的影响；粉蒸肉、粉蒸排骨则有山东、山西菜肴的烹调特点。“南菜川味，北菜川烹”，既取优于南北菜，又发扬川菜自身之长，兼收并蓄，从而逐步形成了川菜的独特风格。

二　川菜风格

川菜的风格在“味”，过去人们常以为川菜只是“麻、辣、烫”，其实川菜虽以麻辣见长，但并不以麻辣压其他味，是麻、辣、咸、烫、嫩、鲜诸味皆备。四川盆地湿度大，川人自古“尚滋味”“好辛香”，川菜厨师用辣椒这个调味品，做出了香辣、麻辣、咸辣、酸辣、冲辣、微辣等不同风格的菜肴，十分精妙。川菜味型多种多样，变化无穷，但总的来讲一般有家常味、鱼香味、荔枝味、咸鲜味、酸辣味、麻辣味、糖醋味、姜汁味、酱香味、蒜泥味等30多种味型。川菜讲究综合用味并突出主味，有主有次，将酸、甜、咸、麻、辣五味的调味品掌握好，即可“五味调和百味出”，故川菜有“一菜一格，百菜百味”的赞誉，人称“味在四川”。主要有：

家常味型源于民间的调味法，特点是咸鲜微辣，回味有的带甜，有的带醋香。

鱼香味型源于四川民间独特的烹鱼调味法，广泛用于热冷菜式之中，咸、甜、酸、辣兼备。

怪味型特点是咸、甜、麻、辣、酸、鲜、香并重，所有调料互不压抑，相得益彰，颇为奇妙。

红油味型以特制的红油与酱油、白糖、味精调制而成。有的还加醋、蒜泥或香油，这种味型多用于凉菜，特点是咸鲜辣香，但辣味比麻辣轻，回味略重于家常。

麻辣味型这是最典型的川味，麻辣味厚，咸鲜而香，广泛应用于冷热菜式。主要由辣椒、花椒、川盐、味精、料酒调制而成。四川盛产花椒，食用也十分普遍，是川菜的传统风味。

酸辣味型以川盐、醋、胡椒粉、味精、料酒调制而成，也常以酸菜或泡菜、红油或元红豆瓣调制，其特点是醇酸微辣、咸鲜味浓。

川菜之所以异于其他地方菜，其魅力所在，实在首推味道丰富。由于川菜调味变化多端，菜式繁多，可以做到一年365天，天天不重样，一日三餐，餐餐花样翻新。

川菜之所以能“以味取胜”，与它所用的一些本地特有的调料是分不开的，如烹制回锅肉、鱼香肉丝，如果不用四川郫县的豆瓣【图2–4】和泡椒，就会失去“正宗川味”。所以，蜀人将郫县豆瓣称之为“川菜之魂”。郫县豆瓣迄今已有300年的历史，它对于川菜个性化的发展可谓功勋卓著，川菜许多重要的味型都离不开它，许多赫赫有名的川菜比如“麻婆豆腐”“回锅肉”“豆瓣鲫鱼”都要靠它捧场。如今非常时髦的新派川菜和川味火锅，离开了它，确实就像掉了魂似的。郫县豆瓣是浸润着川乡水土的香辣，是异国他乡的任何辣味都无法取代的。

图2–4 郫县豆瓣

三　火锅

火锅【图2–5】古即有之，但巴蜀人爱吃的“毛肚火锅”却是近代才有的。毛肚是指水牛的千层肚子（胃），它肉刺很多，乍看如毛，俗称“毛肚”。毛肚价格便宜，当时重庆江北的一些小贩便将它买来，洗净后煮一煮，再将其切成小块，然后挑上一个担子，一头放炭炉，炉上置一大铁盆，煮着麻、辣、咸的卤汁，安上井形木格或竹格子。一些卖劳力的穷苦人和讨得几文钱的乞丐

图 2-5 海昏侯墓出土铜火锅

便围着担子，各人认定一格，边烫边吃，特别是在寒冬腊月，既可增加热量，又花不了几个钱，颇受欢迎。

到了 20 世纪 30 年代，重庆商业场街的一些小饭店也如法炮制，在桌面中部挖一圆形孔，下置炉灶，上安赤铜小锅（现在火锅店大多是铁锅，木格换成了铁格子），用牛骨汤、固体牛油、豆瓣、辣椒粉、花椒粉等配制卤汁，将卤汁煮开后，先煮蒜苗，然后将已半熟的牛肚等用筷子夹住放入锅中烫食。为照顾不同的口味，蘸料也由顾客自行配制，菜肴有荤有素，食者可丰可俭，择好而从。这样，毛肚火锅慢慢也得到了中上层人士的青睐。随着它的广受欢迎,卤汁中又增加豆豉、甜糟、冰糖、料酒等，有的火锅店还将顾客食过的卤水保留，下次添入些佐料又用，据说卤水越老，其味越佳。火锅中的菜也越吃越广，不再限于毛肚，而有水牛的内脏和生鱼片、鳝鱼片，以及鸡血、鸭血、猪肝、猪腰、猪肉，等等，还有白菜、豌豆尖、豆芽等素菜，逐渐形成了麻辣味厚、鲜香脆嫩的特色。

四川火锅，巴地以重庆为龙头，蜀地以成都为代表，并列称雄，各有特色。由于气候的火辣及爬坡上坎的地理因素,重庆火锅更具刺激性,更讲究痛快。麻辣用量可谓川人之冠。食客们喜好三伏天赤膊上阵，吃个大汗淋漓，称之为“以毒攻毒”“大热压虚火”。重庆的火锅颇具创造性,每一次火锅新潮流，都是重庆人引领的，如从毛肚火锅发展到红白鸳鸯火锅、酸菜鱼火锅、啤酒鸭火锅，以及火锅鸡、鳝鱼、兔火锅等。

居于荡荡平川及气候平和之中的成都，火锅则偏重于温柔，注重情趣、环境、文化气氛的调适。成都人也嗜麻辣，但他们比较注重养生,在饮食上没有重庆人那样讲究刺激，所以多数成都人讲究麻辣而不燥肝火。他们更喜食鸳鸯火锅，使阴阳互补。

四　川味小吃

四川小吃与四川菜一样闻名中外，四川小吃是指受到广大群众普遍欢迎的份量小而特色浓的四川小食品，主要是蒸、煮、炸的糕点面食。四川小吃具有品种丰富、食用方便、经济实惠、物美价廉等特点。

四川小吃源于民间，历史悠久，据清末《成都通览》中记载的小吃，计有200余种。这些著名的小吃，不仅大部分继承了下来，而且还不断有所发展、创新，现在已达500余种，其中比较著名的就有200种左右。

四川小吃取材广泛，就所用的主要原料来划分，不仅有以米、面为主料的馒头、面条、包子、锅盔、汤圆、白糕、醪糟、叶儿粑等，而且有以豌豆为主料的川北凉粉；有以黄豆为主料的豆花，绿豆为主料的片粉、绿豆团，以糯米、籼米和黄豆为主料的三合泥，以红苕为主料的玫瑰红苕饼等；还有以蛋品和禽畜肉为主料的蛋烘糕、棒棒鸡丝、夫妻肺片、火边子牛肉，等等，不胜枚举。

四川小吃特别注重传统工艺，如赖汤圆的制作就有一整套严格的传统工艺。首先要选上等糯米，浸泡、磨浆、制馅，然后制成不同形状、不同风味的生坯，煮熟后盛碗上桌，每碗呈现四个形状，四种馅心的汤圆。

豆花的制作，必须严格选豆、淘洗、泡发、磨浆、熬浆、点卤，才能达到白嫩绵软、开整不烂的效果。四川各城市都有专门的豆花馆。

四川小吃一般以份量小、花样多、制作奇、味道美、价格低、质量高而著称，因而它的适应面特别广，受到越来越多的消费者喜爱。著名的川味小吃有：重庆的山城小汤圆、九园包子、鸡汁什锦熨斗糕、毛牛肉、提丝发糕、八宝枣糕、鸡丝凉面、鸳鸯叶儿粑等，成都的赖汤圆、钟水饺、龙抄手、担担面、波丝油糕、珍珠圆子、三合泥、夫妻肺片、萝卜丝饼、青城白果糕等。此外，还有自贡的火边子牛肉，泸州的白糕、猪儿粑、宜宾燃面【图 2-6】，乐山的棒棒鸡丝，南充的川北凉粉，顺庆羊肉粉，大竹醪糟，达县灯影牛肉，通江银耳羹，等等。

图 2-6 宜宾燃面

如今在吃惯了大鱼大肉，品过山珍海鲜之后，人们又开始对小吃刮目相看了。因此，四川小吃不仅仅为寻常百姓所喜爱，也常常成为席上珍品。小吃配大嚼，大嚼带小吃，也是四川饮宴的传统特色。发展到今天，四川的小吃不但可以单吃，而且组合吃和以小吃为中心的宴席亦很盛行。最近，四川小吃的生产、经营的形式也开始迈向现代化。

第三节　苏扬味道

俗话说："上有天堂，下有苏杭。"那么，也可以说，扬州、苏州、杭州等地的饮食，是长江下游地区饮食的天堂。

虽然从总体上来考察，长江下游的饮食风格有许多相同之处，但事实上"一江之隔味不同"。杭州的饮食风味，比较接近于苏州，而较异于扬州。

一　淮扬风味的由来

淮扬地区是指以扬州为中心，北至洪泽湖周围近淮河以南、东含里下河及沿海一带的地区。这里的菜肴风味统称淮扬风味。

扬州，古名邗城、广陵，位于长江北岸、京杭大运河与长江交汇处，是一座有着2400多年历史的古城。扬州属于亚热带季风气候，四季分明，风雨调和，气候温和。境内无高山峻岭，属于江淮大平原，河流湖泊纵横，农副产品丰富，为鱼米之乡。王士祯在《东园记》中说，此处“物产之饶甲江南”。李斗《扬州画舫录》中也描绘说：“山地种蔬，水乡捕鱼，采莲踏藕，生计不穷。”时鲜菜蔬鹅鸭鱼藕，珍禽水产，一年四季各有所备，“春有刀鲚，夏有鱼回鲥，秋有蟹鸭，冬有野蔬”。丰富的物产为城市市民生活提供了丰富的食材。

扬州地处江淮要冲，自南北大运河开通以来，它又成为南北大运河与长江的枢纽。北方的大豆、麦子、杂粮及油粮作物，南方苏杭的日用品及湖广、江西的粮食、果品和土特产品于此集散交易，两淮盐区中淮南盐及部分湖北盐于此沿长江两岸，行销江苏、安徽、湖南、湖北、江西等省。扬州成为当时全国著名的交通、经济和文化中心城市之一，并素以“多富商大贾，珠翠珍怪之产”“号天下繁侈”而闻名。隋唐时已是南北交通的枢纽和东南沿海地区对外经济、文化交流的一大都会和重要港埠。

从隋唐到清末的一千多年间，扬州一直极其繁盛，隋炀帝、清康熙、乾隆帝都曾巡幸扬州，也把各地饮食文化带到了扬州，促进了扬州烹饪技艺的发展。

扬州是淮盐的主要集散地，徐谦芳在《扬州风土记略》中就说：“扬州土著，多依鹾务为生，习于浮华，精于肴馔，故扬州筵席各地驰名，而点心制法极精，汤包油糕，尤擅名一时。”官僚、文人、盐商、富豪都在这里集聚，著名文学家王士祯、袁枚，画家郑板桥等人都与扬州饮食有着不解之缘。明清时期，扬州饮食市场即因此显得十分繁荣，著名餐馆就有数十家，每天顾客盈门，这都刺激了淮扬菜品种的增加和质量的不断提高。

二　淮扬菜的特点

淮扬菜在漫长的历史发展中，形成了自己独特的风格，主要有以下几个特点：

（一）选料以鲜活、鲜嫩为佳，并且十分讲究根据不同时令选取原料。如食用青菜讲究取心，苋菜讲究取嫩，冬笋讲究取其尖，野鸭讲究取其脯，虾、蟹讲究取鲜活等。

扬州民间有许多关于选料讲时令的传统说法，如“醉蟹不看灯，风鸡不过灯”“刀不过清明，鲟不过端午”。又如“淮扬狮子头”这道名菜，是随时令变化而用不同原料烹调的，春秋宜清炖，冬季宜红焖。春节做河鲜芽笋狮子头【图 2–7】，秋季做蟹粉狮子头，冬季做芽菜风鸡狮子头，就连狮子头所用猪肉也要求肥瘦搭配，因时制宜。

（二）调味讲究清淡，尤其重视本味。淮扬菜的荤菜增鲜，一般使用清鸡汤或虾米，素菜增鲜常使用豆芽、蘑菇、笋子、笋汁、笋粉，以保

图 2-7 河鲜芽笋狮子头

证菜肴的味正汁醇。

淮扬菜讲究保持原料本味，并不是反对用调料。它也很注重用调料增加主料的本味，使热菜浓香袭人，使冷菜清香四溢，使汤菜淡香扑鼻。为达到上述要求，淮扬菜在烹调过程中格外讲究用调料保持和增加主辅料的原有香味。如在成菜时加以适量料酒和少量醋，或者加入麻油、胡椒粉、甜酱、芝麻酱等，就可以增加主料的原有香味。淮扬菜在利用辅料增加菜肴香味上，也颇有学问，如利用荷叶的清香烹制的荷叶肉，利用西瓜的清香烹制的西瓜盅，都别具风味，使食物清香之气大增。

（三）在保证口味的前提下，做到色泽鲜明，浓淡相宜，清爽悦目，使食者在未动筷子之前，先得到美的享受，从而精神愉悦，食欲大开。

淮扬菜十分重视根据不同季节，通过切配烹调，做出符合人们心理状态的菜肴。夏季配制清淡色泽，冬季配制浓艳色泽，春秋配制浓淡相宜色泽。如夏季的清炖鸡，汤汁清澈见底，鸡块鲜嫩洁白，衬以鲜红的火腿、绿色的菜心、黑色的香菇，使人见之就觉清爽悦目。气温较低的季节，制作栗子黄焖鸡，色泽棕黄油亮，使人感到温暖。

（四）在火工方面，淮扬菜以炒、溜、煮、烩、烤、烧、蒸等为基本烹调方法，擅长炖焖，所制菜肴酥烂脱骨而不失其形，滑嫩爽脆而不失其味。淮扬菜在烹制过程中，十分注重根据菜品要求，针对原料质地老嫩、刀工形状大小，准确地掌握火候，使不同菜肴具有鲜、香、酥、脆、嫩、糯、韧、烂等不同的特点。如“清汤三套鸭”，就是采用家鸭、野鸭、菜鸽整料去骨，用火腿冬笋相隔，逐层套制，三味一体，文火原汤炖焖，通过不同的传热程度，使菜肴保持形态完整、汤汁清澄，形成家鸭肥嫩、野鸭香酥、家鸽细鲜、火腿酥烂、冬笋鲜脆的特点。

（五）注重造型美观，别致新颖，生动逼真。淮扬菜十分注重根据原料的自然形态，通过切配、烹调、装盘、点缀等技法，使菜肴达到色、香、味、形俱佳的境地。

淮扬菜还精于瓜果雕刻，所制的西瓜灯，玲

珑剔透，飞禽走兽，栩栩如生。

三　一江之隔味不同——苏扬风味的比较

以苏州为中心的苏南饮食文化圈，主要包括太湖平原，以及阳澄湖、泖湖、鬲湖周边风味，其影响远较行政区域的“苏南”为大。

太湖，古名震泽，《尚书·禹贡》中也有“三江既入，震泽底定”的记载，三江指的是古代太湖出水的三条主要干流。太湖号称流域面积36000顷，是我国五大淡水湖之一，也是著名风景区。太湖湖面开阔，湖底平坦，水草丰美，而且水位比较稳定，有利于鱼类的繁殖生长，是我国著名的淡水水产基地。湖中有青、草、鲢、鳙、鳊、鲤、鲫等各种鱼类30多种，另有螺、蚌、蚬、蟹等底栖动物40多种。银鱼是太湖定居性鱼种，晶莹如玉，娇小可爱，肉质洁白细腻，无骨刺，无腥味，为席上食材珍品。

太湖的“船菜”极富特色，可以称之为湖上的水产宴席。人们泛舟湖上，不仅可以观赏湖光山色，而且可以品尝太湖盛产的各种名鱼。如太湖清水虾，肉嫩味鲜，举世闻名，既可以清炒，也可以煮食，还可以生吃。

据清人顾铁卿《桐桥倚棹录》记载，清代苏州有一种餐船，名为“沙飞”，其船尾为灶舱，“酒茗肴馔，任客所指”，中间为“餐厅”，“以蠡壳嵌玻璃为窗寮，桌椅都雅，香鼎瓶花，位置务精”。船大一些的，可摆三桌宴席，小的也可摆两桌。在供应方式上也有特色，要求主人必须预订好“沙飞”，然后“先期折柬”，和客人约好时间，届时用小舟把客人送到“沙飞”上欢宴。而宴会常常是在晚间举行，“入夜羊灯照春，凫壶欢客，行令猜枚，欢笑之声达于两岸。迨至酒阑人散，剩有一堤烟月而已”。

正是由于苏州处于太湖之滨，所以苏州菜特别善于烹制河鲜之物，这与扬州菜略有不同。对此，《中国菜谱·江苏专辑》中的前言，对苏州、扬州两地的菜肴特色做过介绍，兹录如下：

> 苏州菜口味趋甜，配色和谐，刀工细致，清新多姿，时令菜应时迭出，烹制的河鲜、湖蚧、蔬菜尤有特长。
>
> 扬州菜清淡适口，主料突出，刀工精细，制作的鸡类、江鲜都很著名，肉类菜品也富有特色，瓜果雕刻栩栩如生。

有比较才会有鉴别，以上两段话是由江苏饮食文化的专家在对比苏扬风味的基础上，精心推敲写出的评语，应当是比较准确的。

苏州在长江之南，扬州在长江之北。一江之隔，两地菜肴的风味也就发生了差异，这是什么缘故呢？对此，邱庞同先生在《烹调小品集》中认为，“从历史上看来，北方人嗜咸，南方人嗜甜。据历史学家卞孝萱先生分析，扬州在地理上素为南北之要冲，因此在肴馔的口味上也就容易吸取北咸南甜的特点，逐渐形成自己‘咸甜适中’的特色了。而苏州相对受北味影响较小，所以‘趋甜’的特色也就保留下来了”。不过近年来，苏州菜的风味也略有改进，趋甜的特色逐渐改为趋清鲜。

苏州及苏南地区的名菜主要有：松鼠桂鱼，雪花蟹斗、母油船鸭、早红桔络鸡、鲃肺汤、莼菜鲈鱼羹、碧螺虾仁、鸡茸蛋、常熟叫化鸡、无锡香炸银鱼、镜箱豆腐、樱桃肉、乳腐肉、宜兴汽锅鸡、常州糟扣肉等。这些菜肴，远近闻名，脍炙人口，不仅色、香、味、形俱佳，并随季节变化而变化：冬季色浓而不腻，酥烂脱骨而不失其形，夏季则色清而不淡，滑嫩爽脆而不失其味。

第四节　湖湘特色

楚文化经过两千多年的发展，其内部又因地理环境，以及政治、经济、文化的发展水平不一，表现出若干差异性，形成了荆楚文化和湖湘文化，这在饮食文化上的表现就是形成了两大菜系——湘菜和鄂菜。这两大菜系，其风味有同有异，相同之处就是继承了楚人注重调味的传统，擅长煨、蒸、烧、炒等烹调方法。不同之处在于湘菜偏重酸辣，以辣为主，酸寓其中。所以湖湘饮食风味可以概括为：味别多样，尤重酸辣，熏腊清香，口味适中。

一　嗜酸喜辣

湖南饮食风味的形成，是有着长期的历史与地理等因素的。

首先，湘菜重酸辣是与其地理环境及气候特点有着密切关系的。湖南多山区和卑湿之地，常食酸辣之物有祛湿、驱风、暖胃、健脾之功效，而且，由于古代交通不便，海盐难于运达内地山区，人们不得不以酸辣之物来调味。因此，养成了人们偏爱酸辣的饮食习俗。同时，湖南大部分地区适宜辣椒的栽培，吃的人多了，便刺激了辣椒的种植，供需良性循环，因而逐渐形成了嗜辣的习惯。

其次，喜酸辣与楚文化的饮食传统有关。楚人嗜食酸味，早在先秦两汉便有了口碑。《淮南子》曰："煎熬焚炙调齐和之适，以穷荆、吴甘酸之变。"高诱注云："二国善酸咸之和。"《黄帝内经》中亦云东方之民"食鱼而嗜酸"，南方之民"嗜酸而食跗"，这些都证明重酸味是先秦乃至后世楚与吴菜系的一大特色。楚人喜酸的饮食特点，在考古中也有反映。马王堆汉墓遣策中记录了九种羹，其中酸羹有七种，"牛首夸（菇）羹一鼎""羊夸羹一鼎""豚夸羹一鼎""狗夸羹一鼎""雉夸羹一鼎""鸡夸羹一鼎"等。

魏晋南北朝时期，宗懔《荆楚岁时记》对湖北、湖南一带食俗嗜酸亦有记载，"仲冬之月，采撷霜芜菁、葵等杂菜干之，并为咸菹。有得其和者，并作金钗色。今南人作咸菹，以糯米熬捣为末，并研胡麻汁和酿之，石笮令熟，菹既甜脆，汁亦酸美，呼其茎为金钗股，醒酒所宜也"。对酸菜的做法、功能及其色、香、形、味均做了具体而生动的描述。早在一千多年前，荆楚民众就能做出如此技艺高超的酸菜，确实令人赞叹不已。

直到近现代，湖南、湖北、四川、贵州、云南、广西等省（自治区）的许多偏僻山区，尤其是苗、侗、瑶、土家、布依、毛南等民族，嗜酸之风依然非常盛行。至今，嗜酸辣的习俗与若干烹饪方法在现在的湘鄂西一带尚有遗存，这些地方仍喜欢做“酸菜鱼”【图 2-9】。方法是：用洗净的铁锅，把掺有酸辣椒、花椒等香料的水煮到快要沸腾，将鱼收拾妥当，放在沸腾的酸汤水里烧煮，配上适量的食盐以及腌酸菜等，熟透即好。食时配上花椒、大蒜的辣椒蘸碟，蘸而食之，其味无穷。文献记录和考古材料都证明，湖南人喜食酸辣有深厚的历史渊源。

历史上湖南是缺盐地区，湖南基本不产盐，主要依赖淮盐供应湘中、湘北地区，粤盐供应湘

图 2-9 酸菜鱼

南地区，川盐供应湘西地区。湖南离产盐地路途遥远，盐价自然不菲，这势必直接影响人们的需求。因而许多贫苦民众无奈，不得不以酸菜、辣椒代替盐来调味。

俗话说“湖南人不怕辣，贵州人辣不怕，四川人怕不辣”。在中国历史上有一个有趣的现象，即在食辣重区的范围内，出现了一大批喜吃辣椒的革命者，如黄兴、蔡锷、宋教仁、陈天华、陈独秀、毛泽东、邓小平、朱德、陈毅、刘伯承、聂荣臻、张爱萍、彭德怀、罗荣桓、任弼时、林伯渠、李富春、邓中夏、何叔衡、李立三、陶铸、胡耀邦等。特别是毛泽东，一生都喜欢吃辣椒，几乎每顿“正经饭”中都少不了辣椒。有时，四菜一汤中有一盘辣椒酱，有时则是一碟干焙辣椒，其中干焙辣椒都是整个儿焙熟的，身边工作人员无人能咽一小口，毛泽东却能一口一个，而且吃得津津有味。

现代科学研究表明，辣椒不仅可以调味，而且还有提神的功能，所以受到众多民众的喜爱。

从以上的材料中，可以看到，湖南人喜嗜酸辣的饮食风习，虽然直接渊源于先秦时期的荆楚饮食文化传统，但更多是湖南特定的地理和社会文化环境使然。地理位置及社会文化因素影响了湖南对食盐的需求，又因气候多雨潮湿形成嗜辣之习，最终使湖南嗜酸辣的风习得以定型并形成自己独特的饮食特色。

二　腊味清香

湘菜还有一个重要特色，就是善于运用腊味制品做各式菜肴，俗称腊菜。

腊菜有烟熏的清香，色泽美观，香味浓醇。经过烟熏的腊制品，有防腐作用，易于保藏。烟熏方法有敞炉熏（即熏缸熏），以及密封熏（即熏锅熏）两种。

敞炉熏，即在普通火炉内（或火缸）放几根烧红的木炭，上面盖上一层核桃木屑、茶叶、稻壳、桔子皮和糖等，冒出浓烟，将食品挂在钩上，或用簸箕盛着在烟上熏制。

密封熏，即把上述燃料放在铁锅里，上面找一铁丝熏篮，将食品放在篮内加盖，然后将铁锅放在火上烘，通过锅内燃料冒烟来熏制。

湘菜腊味名肴是“腊味合蒸”，它是以腊鸡、腊肉、腊鱼为主料蒸制而成。这道菜的特点是颜色深红，咸香多味，肥而不腻，具有独特的烟熏风味，是湖南民间冬春季节餐桌上常食的菜肴。

第五节　荆楚风味

在中华大地上，不同的自然地理环境、民俗风情孕育了不同特质、各具特色的地域文化，也就是说不同的地域文化与当地的自然地理环境有密切的关系。《墨子》说“荆有云梦，犀兕麋鹿满之，江汉之鱼鳖鼋鼍为天下富”。可见，早在先秦时期，湖北就是鱼米之乡。

一　鄂菜兴起

湖北饮食文化是伴随着楚文化的崛起而兴旺发达起来的。所以，不仅有人把湖北菜称为鄂菜，也有学者将湖北菜称为楚菜。湖北菜的制作，早在两千多年前的楚国时期就已达到相当的水平。《楚辞》中的《大招》与《招魂》中所列举的肴馔已证明了这一点。《楚辞·招魂》里记录了从主食到菜肴，以及精美点心、酒水饮料等 20 多个品种的楚地名食。从这张食单中我们可以看出，当时楚国食材丰富，烹调方法及调味手段多变。它像一面镜子，生动地反映了当时荆楚地区的饮食风貌和特色，表现了先秦时期鄂菜艺术的成就，也充分说明具有楚乡风味的鄂菜在先秦时期已初具雏形。

另外，从考古发现的资料上来看，特别是1978年湖北随州曾侯乙墓中出土的100多件饮食器具更是很好的例证。以曾侯乙墓为代表的这一时期楚墓中出土的饮食器具主要由铜、陶、金、漆木、竹等5种材料制作而成。其中曾侯乙墓发现了一件煎盘，而煎盘是一种可烧、可煎、可炒的炊食器具，证明了在两千多年前就能运用煎、炒等烹调方法，这在各大菜系中是领先的，同时也充分证实了鄂菜源远流长的历史。

秦汉以后，楚地饮食文化有了长足的发展。进入汉魏，更是特色十足，汉代枚乘的《七发》记下了牛肉烧牛笋、狗羹盖石花菜、熊掌调芍药酱、鲤鱼片缀紫苏等荆楚佳肴；《淮南子》也盛赞楚人调味精于"甘酸之变"；当时还制成"造饭少顷即熟"的诸葛行锅和光可鉴人的江陵朱墨漆器,反映了这一时期楚地饮食文化的进一步发展。降及唐宋,《江行杂录》介绍过鄂菜"馨香脆美"，工价高达百匹锦绢的江陵厨娘，五祖寺素菜风靡一时，苏东坡（1037—1101）命名的黄州美食脍炙人口。晚唐诗人罗隐在《忆夏口》中吟唱道：

"汉阳渡口兰为舟，汉阳城下多酒楼。当年不得尽一醉，别梦有时还重游。"反映了武汉地区的饮食业在一千多年前就有了一定的规模。

到了明清时期，鄂菜更趋成熟。在《食经》《随园食单》《闲情偶寄》和《清稗类钞》等著名食书中，搜集的鄂菜精品就更多了。

这时，不仅有鄂菜代表菜品，更多名菜也应运而生，如"沔阳三蒸""江陵千张肉""黄陂烧三合""石首鱼肚""咸宁宝塔肉""武汉腊肉炒菜"，以及黄梅五祖寺著名的素菜"三春一汤"——煎春卷、烧春菇、烫春芽、白莲汤，等等。在鱼菜技艺上也有较大的创新，如钟祥的蟠龙菜，主料是鱼和肉，而成品却是鱼不见鱼，肉不见肉；黄州的金包银、银包金，使鱼肉合烹，各自剁茸成馅，相互包裹，光洁似珠，落水不散，技艺之精湛可谓登峰造极。此外，黄云鹄的《粥谱》集古代粥方之大成，楚乡的蒸菜、煨汤和多料合烹技法见之于众多的食经，至此，鄂菜作为一个菜系已基本定型。

二　鄂菜特色

如果说"味在四川"的话，那么，可以说"鲜在湖北"并不为过。鄂菜在楚文化的影响下，凭借"九省通衢"和"千湖之省"的地理优势，形成了水产为本、鱼馔为主、口鲜味醇、秀丽大方的特色，适应面十分广泛。具体而言，鄂菜有如下几个特点：

（一）丰富的原料

湖北沃野千里，水网密布，得水独厚，又地处华中腹地的长江中下游，是全国有名的“鱼米之乡”，历来有“两湖熟，天下足”之说。稻米、小麦、大豆、牲畜、禽蛋、果蔬等农副食品异常丰足，尤其是淡水鱼鲜，其品种之多（常用就有50多种）、产量之大（年产量居各省之首）、食用之广为其他任何菜系所不及。如此丰富的烹饪原料，为鄂菜的发展奠定了坚实的基础。

不仅如此，湖北各地还有许多独特的烹饪原料。正如一首湖北民间歌谣唱道：“罗卜豆腐数黄州，樊口鳊鲂鄂城酒。咸宁桂花蒲圻菜，罗田板栗巴河藕。野鸭莲菱出洪湖，武当猴头神农菇。房县木耳恩施笋，宜昌柑桔香溪鱼。”不仅如此，笔架山鱼肚、金口鮰鱼、鹤峰葛仙米、洪湖盐蛋、洪山菜薹、襄阳大头菜等，都是著名的土特名食。而在这众多的名特食品中，尤以“武昌鱼”“洪山菜薹”最为有名。

宋代文豪苏东坡慕名到武昌品尝洪山菜薹的故事，清代湖广总督李瀚章挖土到安徽种植洪山菜薹的传说，民国张群对洪山菜薹的留恋之语，使洪山菜薹的名声大振。历代文人墨客对武昌鱼的赞美，毛主席对武昌鱼的吟颂，使武昌鱼成为享誉中外的著名烹饪原料。这些独特的烹饪原料是形成鄂菜特殊风味的基础。

（二）别具一格的烹调风格

各大菜系都有自己独特的烹调风格。川菜讲究调味，以干煸、干烧等烹调方法较为擅长。鲁菜善于制汤，对扒、爆比较钟情。相比而言，鄂菜在烹调技法上，蒸、煨、炸、烧等应用最广，也最为擅长。鲁菜厨师讲究"勺功"（即翻锅技巧），川菜厨师讲究调味，苏菜厨师讲究菜肴外形，这些统称为勺上功夫，即锅上功夫。而湖北厨师则十分讲究勺底功夫，即注重菜肴火候的把握，对火候的要求十分严格。鄂菜的蒸、煨、烧等烹调方法是特别讲究火候的几种烹调方法。如"蒸"，原料在锅或笼内，人的眼睛无法观察它的成熟度，全凭厨师的经验来控制火候的大小与时间的长短，有的菜肴须用大火长时间蒸，如"荷叶鸡"；有的用大火短时间蒸，如"清蒸武昌鱼"【图 2-10】；有的须用中小火短时间蒸，否则，不及则生，过之则烂，没有丰富的经验是难以掌握的。由此反映了鄂厨对火候的考究。

鄂菜的烹调风格还体现在擅长主、副食结合烹调，这在其他地方菜中是没有或很少见的。例如粉蒸系列菜（以米粉拌和原料蒸制），珍珠系列菜（以泡制的糯米与原料混蒸）等，具有浓郁的地方特色。

（三）繁多的菜品

鄂菜有相当数量的菜品，据不完全统计，鄂

图 2-10 清蒸武昌鱼

菜现有菜肴品种3000多种，其中传统名菜不下500种，典型名菜不下100种。仅以黄州为例，历史上因为苏轼被贬为黄州团练副使，当地就出现了一系列以东坡为名，以当地物产为原料的系列菜。

黄州濒临大江，山清水秀，民风淳朴，物产亦丰富。相传城内有金甲井，水清味醇，做的豆腐好吃，远近闻名。离黄州50里的巴河盛产莲藕，别处藕只有7孔，巴河藕却有9孔，肥嫩甜脆。与黄州隔江相望的鄂城樊口，盛产细头鳊鱼，肉嫩味美，又称武昌鱼（因古代鄂城称武昌）。鄂城出产一种醇酽的白酒，被苏东坡称为“江城白酒三杯酽”。当地人编了这样一首民谣：“过江名士开笑口，樊口鳊鱼武昌酒，黄州豆腐本佳味，盘中新雪巴河藕。”以东坡肉【图 2-11】为代

图 2-11 东坡肉

表的东坡系列佳肴正是在黄州淳厚乡风民俗背景下形成的。

“沔阳三蒸”“清蒸武昌鱼”“瓦罐鸡汤”“蟠龙卷”“腊肉菜薹”“千张肉”“皮条鳝鱼”“红烧鮰鱼”“桔瓣鱼氽”等，无不为鄂菜之佼佼者。豆皮、汤包、东坡饼、热干面、面窝等皆为湖北小吃之精华。而在这众多的名菜点中，“武昌鱼”则被誉为“鄂菜之冠”“蔡林记热干面”“老通城豆皮”被誉为“湖北小吃之王”，至今在国内外还享有极高声誉。

（四）“三无不成席”

鄂菜的“三无不成席”（无汤不成席、无鱼不成席、无圆不成席）更集中反映了鄂菜的特色。湖北人爱喝汤，也会做汤。瓦罐鸡汤、排骨藕汤、鲫鱼汤、回鱼汤、鱼圆汤、龟鹤延年汤、峡口明珠汤等，均为汤中杰作。举凡筵宴，压轴必然是一钵鲜醇香美的汤，“无汤不成席”，已成为一条不成文的规定。

从历史上来看，地方特色最浓的要数“八卦汤”，所谓“八卦汤”就是乌龟汤。因为楚地巫师往往用龟壳占卦，所以湖北人便把乌龟肉称为八卦肉，把龟肉汤称为八卦汤。作家秦牧在一篇文章中写道：“我在武汉虽然仅仅是在解放初期住过十几天，但印象却是十分深刻……那次我到武汉时，武汉中小饭馆里有一样菜式引起了我强烈的兴趣，那就是‘八卦汤’。当时饭馆里普遍都卖这道菜。这使人想起古代云梦泽的遗迹……”是的，湖北人的饮食习俗，不仅与自然环境和食物资源有关，而且与灿烂的楚文化有关。虽然经过3000多年的流传和变异，现代仍有很多菜肴保持着楚菜遗风。在著名的《楚辞·大招》中，有“鲜蠵甘鸡，和楚酪只”这道名菜。汉代王逸注释说，这是用鲜洁的大龟烹之作羹，调上饴蜜，再与鸡肉合烹，和以酢酪，味道清香鲜润。可见湖北人用龟肉煨汤的历史何等悠久，烹调方法何等讲究。

鄂菜鱼馔在国内独树一帜，其品种之多、烹调之精为其他菜系所不及。大凡楚乡筵宴，必少不了一条全鱼，逢年过节，鱼菜更必不可少。

湖北的“圆子”可谓一绝。一般人们只用动物性原料做圆子，因为动物肉类含有较丰富的胶元蛋白，具有一定的黏性，便于成型。而楚乡各地，不仅能用肉、鱼做圆子菜，还能用各种植物原料做圆子菜，如藕圆、豆腐圆、糯米圆、绿豆圆、黄豆圆、红苕圆等等。圆子同汤和鱼一样，也是各种筵席不可缺少的一道菜。据说在宴席临近结束时端上一盘圆子菜，有“圆满结束”“事事圆满”之意。这些饮食习俗和烹调特色，均带有浓郁的楚乡气息，散发着江汉平原的泥土芳香。

第六节　台湾美食

要了解台湾的文化，不能不了解台湾的饮食。因为在所有文化门类中，最具文化象征意义的便是饮食。饮食文化不仅是某一时代文化的反映，也记录着社会的变迁、经济的成长与文明的脉搏等等。而且饮食文化本身还随着社会的变迁与时代的进步，不断地解构与再建构，新的文化意涵的重组，就是文化创新的过程，而这些变化过程的记录，也为人们提供了另一个观察政治、经济、文化变迁的视角。

一　台湾饮食文化的精髓——小吃

要了解台湾的吃，不能不到夜市，因为在夜市里，有各式各样的小吃，充满地方特色。所以初到台湾的一个城市时，本地人常常建议先到当地的夜市走走，这样可以帮助你了解当地的风土人情和地域文化，容易更快融入其中。

夜市开始在台湾形成时，都以每晚开市的形态出现。由于早期人们生活较单纯，夜市所贩卖的都是日常生活用品和食品，所以逛夜市成了人们最好的选择。随着时代发展，进而由赶市集、凑热闹、讨价还价、东挑西选的购物形式，逐渐演变成了那种集美味小吃、休闲娱乐于一身的休闲夜市，成为台湾民众生活中之“小型嘉年华”，除了纯粹买卖的商业功能之外，也提供了一项民众休闲的方式。小吃摊的结市效应带动了周边的商业发展，众多的服饰店、鞋店、百货公司、地摊，以及各类餐饮聚集于此，更因规模的逐渐扩大而形成观光夜市。

关于台湾夜市发达的原因，应该还有气候方面的因素，台湾属于亚热带气候，四季怡人，温度起伏不大，适宜人们户外活动，这也有利于夜市的兴旺发达。

台湾的夜市最早都是在城市中心出现的，如台北市的大稻埕，它由小商贩、小吃摊的聚集逐渐聚市而形成夜市。今天台湾各地的夜市多位于交通枢纽，通常为各地发展最早、人潮最旺的地方。方便、快捷、便宜的各色小吃，除了满足来往人群的口腹之欲，更成为“快餐文化”的鼻祖。

夜市的饮食以小吃为主，在某种意义上来说，台湾饮食文化的精髓就是琳琅满目的小吃。就地取材是各式小吃的长处，由于台湾四面环海，渔产丰富，因此海鲜便成为小吃原料的主要来源，如蚵仔煎【图 2-12】、生炒花技、鱿鱼羹、虱目鱼汤、炭烤小卷、炒蟹脚等。至于烹调手法，有清蒸、生炒、油炸、火烤等，变化多端，香味四溢。

台湾小吃，多彩多姿，就名称而言，有些听起来就十分奇特。例如，台南小吃“棺材板”，名字似乎不吉利，但深受台湾人喜欢，其实，“棺材”只是一块面包，将中间挖空，填入鸡肝等作料，然后再盖上一块面包，油炸着吃。由于“棺材板”口味特殊，加上寓意升官发财，不少人冲着这个“好口彩”而来，于是乎就成了名吃。

还有有着香酥外皮的“蚵嗲”，蚵嗲是台湾

图 2-12 蚵仔煎

普遍的小吃，蚵就是牡蛎，“嗲”是闽南语音饼块的意思，也是闽南语饼块计数单位。蚵嗲普遍的做法是以平勺抹上米粉，将拌匀的菜馅与鲜蚵铺放其上，再以一层米粉淋覆于上，香气浓郁的韭菜，淋上酱油膏、辣椒酱一同入口，是一道食材朴质、搭配巧妙的小吃。

碗粿、虱目鱼丸汤本是台湾南部的地方小吃，现已流行整个台湾岛，特别是在台北独领风骚。

猪脚一般是趁热吃，而在台湾的小吃里，最负盛名的万峦猪脚反而要放冷了再吃，可能也是台湾食味上一道独特的风景。

香滑嫩甜的九份芋圆，浓郁可口的花莲馄饨，嚼劲十足的彰化肉圆，鲜美无比的淡水海鲜等，都是很有特色的名吃。

因台湾气候、物产、风土民情等不同因素的影响，形成了各地特有的不同口味，造就了各地不同的各式小吃，兹录其著名者如下：

台北：淡水鱼丸、铁蛋、臭豆腐

新竹：米粉、贡丸、润饼、客家汤圆

苗栗：姜丝炒大肠

台中：筒仔米糕、清水排骨面

彰化：蚵仔煎、肉圆蚵嗲、焢肉饭

嘉义：鸡肉饭、香菇肉羹

南投：竹筒饭

台南：鳝鱼面、担仔面、肉粽、碗粿、鼎边锉、虱目鱼粥、棺材板

高雄：木瓜牛奶

屏东：万峦猪脚、东港黑鲔鱼

宜兰：板鸭、鸭赏、牛舌饼、龙须糖

台东：竹笋干、大陆口味的面

澎湖：丁香鱼等

台湾南北气候环境差异较大，造成了“南甜北咸”“南蒸北炸”的情况。肉圆南部是用蒸的，而北部是用炸的。因此，人们透过这些地方小吃，可以认识台湾地方特产与人文特色。

根据台湾观光局的统计，这几年来，游客来台的主要景点排名，第一名是夜市，第二名才是台北故宫博物院，可见游客来台主要的目的是为了享受美食，而夜市当然就成了游客们最好的选择。因为台北故宫博物院的“翠玉白菜”再怎么巧夺天工，“肉形石”看起来再怎么可口，终究都无法入口，而走一趟夜市，各种香味、各种手艺的小吃光是看起来就很过瘾。

2007 年第 6 期《远见》杂志公布了通过民调选出的“台湾美食最佳代表”，排在前十名的，都不是什么饭店名菜，全是小吃。根据这个排行榜，榜首是蚵仔煎，这是几乎每个夜市都会有的台湾小吃，由蚵仔加蛋、青菜，勾芡煎成，不

但好吃，而且有蛋、有青菜、有海鲜，简单一盘就可摄取到好几种营养。在这次评比中，珍珠奶茶以微弱劣势屈居第二，败给了蚵仔煎。第三名到第十名，则依序是蚵仔面线、臭豆腐、卤肉饭、肉圆、肉粽、担仔面、牛肉面及小笼汤包。

台湾观光局的统计数据还显示，从公元2000年起，“小吃菜肴”，已超过了“风光景色”“台湾民俗风情文化”，成为吸引外国旅客来台一游的首要诱因。

人们也许会问，台湾小吃为什么如此发达呢？这可能是由于台湾历史上没有什么大菜，小吃就显得非常丰富。另外一个方面的原因是，国民政府撤退到台湾的同时也将大陆各省饮食文化以及风俗民情一并带进了台湾，一些色香味俱全的小吃伴随着深厚的人文风采与离乡背井时的浓郁乡愁就产生了。

二　台湾饮食文化的特色

饮食是一种生活，亦是一种文化，是和当地的物产、文化传统紧密相关的。台湾的饮食亦不例外。在明、清两代，大量的汉人源源不断地移民台湾，并与当地居民融合。他们的后代继承了台湾土著民族乐天、开朗、朴实的个性，亦保存了重人情的儒教文化，从而形成台湾特有的饮食文化。

那么台湾菜有什么特色呢？据连横《台湾通

史》曰："台湾之馔与闽粤同，沿海富鱼虾，而近山多麋鹿，故人皆食肉，馔之珍者为鱼翅、为鸽旦，皆土产也。盛宴之时，必烧小豚。"可见，台湾菜以闽菜为基础，后又杂以大陆的粤、川、苏、沪、鲁、湘、鄂等地风味，加上部分日本料理及西方餐饮文化的影响而形成自己的特色。又由于海产丰富，因此以烹制海鲜最为擅长。口感清淡、醇和、鲜美，并兼有甜辣味，注重制汤。在烹饪方式上更具家庭风味，爽口而不油腻。在做法上，台湾菜非常精细，每一道工序都十分讲究，怎样能做到最佳的营养搭配，也有非常高的要求，这就保证了台湾菜在色、香、味方面的谐调。

具体而言，台湾饮食文化有这样几个特点：

第一，口味以甜味为主，牛肉面、菜包、肉包也有甜味。

第二，台湾各种米制食品特别多，如糕、糍、粽、饭、丸、卷等，其名目不下百种。

第三，西餐与海鲜较多。

第四，食品做得精细，绵软，易消化。

第五，饮料品种繁多。与福建、广东一样，台湾有浓厚的饮茶文化，台湾茶叶从福建移植过来，至今已有两百多年，是台湾民众传统的饮料之一，台湾饮茶文化的发展与台湾的人文风俗有密不可分的关系。在台湾茶中名气最响的当属冻顶乌龙茶，被称为"茶中第一绝"。冻顶山山高林密土质好，栽种的青心乌龙茶等良种茶树生长茂盛。冻顶乌龙茶属于半发酵，轻焙火型。其风味独特，自然呈现花香味，口感圆滑甘润，饮后口颊生津、喉韵幽长。台湾名茶还有阿里山茶、樟树湖茶、梨山茶等。

另外，台湾还有各种各样的鲜果、干果、蔬菜汁，传统饮品（酸梅汤、百果香、海石兰、糖水）种类极其丰富。

第六，传统台菜不吃牛肉。早期的台湾人不吃牛肉，因为牛在台湾的开拓史上，占有相当大的功劳，一般人心存报恩的心理，都不愿意吃牛肉，此习俗直到台湾收复后，来自北方的外省人带来家乡的“红烧牛肉面”，而当兵的年轻人也以吃牛肉来维持体力，牛肉才渐有人吃。

第七，传统文化对台湾饮食文化有很大的影响，这主要表现在节庆与喜宴之上，如端午吃粽子、中秋吃月饼、冬至吃汤圆、春节吃年糕、清明吃润饼（春卷）、冬天围炉吃火锅，这些浓浓的节日味成为饮食文化传承的主要代表。

有香港学者从历史、环境、地理等方面对比了港、台两地的饮食，由此可以看出两地饮食文化是同中有异，各有所长。这就是：港、台基本上都是中菜，这是历史因素使然。香港邻近广东省，说广东话，所以其饮食文化也广东化了，中餐厅也以粤菜、潮州菜，以及具有香港特色的港式饮食为主，而海鲜料理，自然也是其强项。台湾因当初国民政府的撤退，带去了大陆各个不同省籍的人士，因此台湾的中餐非常多元，举凡大江南北各种口味的中餐，例如北方菜（含面食）、江浙菜、川菜、湘鄂菜、粤菜、台菜，到处可见，选择多样。所以在台湾的中餐是什么口味都有，极为多元化，这是香港所不及的，异国风味方面，台湾近年来也有各式各样的异国料理，而香港的国际化程度更高，受到西方影响比台湾大，所以香港的饮食当中，各种国际性美食水平都很高，比在台湾更容易吃到各种地道的异国美食，也是不争之事实。

从以上比较中，可以看到香港与台湾的饮食文化与大陆是一脉相承的，但两地由于各自地理环境、气候、文化，以及国际影响的不同，因此也都有着各自多元的饮食文化。但即便门派繁杂，口味多样，而其真正的特色则是“中华原味”。

第七节　南北面食

《口味歌》中说“南爱米北喜面”。中国北方的面食制作工艺令世人叹为观止，而南方的面食制作，也独具特色。

一　面食之乡

有人认为“世界面食在中国，中国面食在山西”，山西拥有悠久的面食历史。据有关学者研究，山西境内出土的春秋时期的磨盘和筛罗，是晋人当年吃面的证据。

自汉代开始，随着整个社会的发展及饮食水平的提高，面食开始出现胡饼、蒸饼、汤饼、蝎饼、髓饼、金饼、索饼等，渐渐上升到主食的地位。经过魏晋时期的繁荣，到隋唐时，山西面点涌现出一批新品种，比如饺子、包子、名目繁多的点心小吃，晋中地区还流行剪刀面、“冷淘”等。到了宋代，面食品种越来越细化，并且煮制面食比较盛行，从“饼”的品类里分化出来。元代山西人在制作面食上对杂粮的利用非常充分，如以荞麦为原料的面也能达到类似麦面的又滑又细的效果，尤其压制成河漏面来食用，口感更好，深受百姓青睐。除此之外，流行烧麦、拨鱼等面食。

经过历代的积累，山西面食的特色在清代已凸显出来。无论在种类、制作技术、花色品种上皆成规模，其蒸、烙、油炸、水煮等食品多种多样，春饼、薄饼、馒头、窝窝头、扁食、糕、栲栳栳等非常普遍，尤其是煮制类的面条、面片突出。如抻面、刀削面、剔尖、饸饹、蝌蚪子、揪片等，以精湛的技巧、本地出产的各种原料、多变的卤料而胜出。据《素食说略》说：“作法以山西太原平定州、陕西朝邑、同州为最佳。其薄等于韭菜，其细比于挂面。可以成三棱之形，可以成中空之形，耐煮不断，柔而能韧，真妙手也。”据传产生于元代的本土面食削面，在清代已远近闻名，“面和硬，需多揉，愈揉愈佳，作长块置掌中，以快刀削细长薄片，入滚水煮出，用汤或卤浇食，甚有别趣。平遥、介休等处，作法甚佳”。另外俗称“花馍”“礼馍”或“面花”的面塑在这个时期也闻名于世，各式各样的品种在各种节庆、礼仪民俗、日常生活中扮演着重要角色。

从山西面食发展的脉络中可以看出山西面食是以煮制类的面食为主。闻名全国的山西四大招牌面食：刀削面、拨面、猫耳朵、剔尖都属于煮制面食。特别是在晋中地区，大小城镇餐饮幌子多是煮制类的面食，如刀削面【图 2-13】、拉面、剔尖、猫耳朵、开膛搓鱼、炝锅面、剪刀面、一根面、油丝擦疙蚪、滚子面、饸饹、平定漂抿蛐等。各品种分别用不同的面粉、不同的工具制成各式形状，有长条形、三棱形、方形、圆形、猫耳朵状、小鱼儿状、小蝌蚪状等，下沸水锅里煮熟后浇卤子食用或蘸蒜泥或再炒食。其中一个特色食法是油醋调和，即油锅里炝花椒、辣椒、爆炒葱花、姜末、蒜末，再加入本地老陈醋、酱油、盐调味，就可出锅，调入面食里吃，别有一番味道，可与菜肴相媲美。

高超的面食制作技艺是一种宝贵的非物质文化遗产，而最能直观形象地反映面食技艺、且具代表性的品种是刀削面。刀削面诞生于元代一

图 2-13 刀削面

个寻常百姓之手。相传元代蒙古人攻占太原时，为防“汉民”造反，没收家家户户的金属器具，并实施苛刻的“限刀”政策，规定十户一把厨刀，切菜做饭轮流使用，用后再交回鞑靼人保管。一天中午，有一老汉去取厨刀准备做饭，结果刀已被取走，他只好返家等待。出门时老汉恰被一块薄铁皮碰了脚，就悄悄拣起来揣回家。家里锅中的水已煮开，家人都在等用刀切面条吃。无奈之下他只好叫老伴赶紧用铁皮“砍面”。结果砍出来的面条煮熟捞入碗内，浇上卤料也特别好吃。这样“砍”面的办法一传十、十传百传播开来。到了明朝,这种“砍面”流传到市肆摊点经营，不断演变，成了现在独树一帜的刀削面制法技艺。

一般家庭或街头饭店在刀削面的制作上，刀具其实比较简单，仅是一种并不锋利的长约 18 厘米的薄铁片，一端略翘起，然后将揉好的长椭圆形硬面团放在左手至肘弯处，右手持刀顺着面团一刀一刀地往前削，后一刀口落在前一刀的棱线上，似大小相当的柳叶一片一片的落下。老舍先生有诗赞曰“一叶落锅一叶飘，一叶离面又出刀。银鱼落水翻白浪，柳叶乘风下树梢”。这种极具艺术感的面食制作就渐渐发展成一种技艺表演，如面点师傅踩在 1.8 米高的独轮车上，头顶着面团，在眼睛看不到面团的条件下，左右手分别拿削刀轮流削下面片，柳叶状的面片纷纷落入锅内，可谓“弯弓闪闪千叶落，汤锅滚滚百浪淘。近如玉簪从天降，远似柳叶下枝梢”。可以说是面食技术和艺术的圆满结合。

二　江南面食

江南的苏州、杭州、上海等地是中国东部沿海经济比较发达的地区，也是古代吴越文化的发祥地。在先秦时，长江下游地区，以太湖为界，北为吴国，南为越国。吴、越虽是两国，国民却是一族。经过长时期的历史发展，吴与越的文化特征也各自显现出来，越文化的海洋文化特色更浓。到明清时，长江下游已成为全国最繁荣的地区，在这种历史背景下，古老的吴越饮食文化也因其地域不同而分成了淮扬、金陵、苏州、杭州、上海等不同风味。这些不同地域的菜肴，虽有相通之处，但终究是自成一家，各具特色。

有比较才会有鉴别，不仅菜肴风味如此，而且在小吃制作上也可作如是观。例如，苏州糕团是中国名点小吃中的一枝奇葩，具有造型美观，色彩雅丽，味道甜美等特点。杭州面点制作比较接近苏州，但与苏州相比，甜味似乎淡一点，但都体现出吴越稻作生产对人民饮食生活结构与习俗的巨大影响。与苏州小吃一样，维扬细点也有十分悠久的历史，到明清时，扬州小吃已有人誉之为“夸视江表”。但与苏州、杭州小吃原料不同，扬州小吃则以面制品为主，其品种也是丰富多彩，如包子、蒸饺、烧麦、酥饼、开花馒头、蜂糖糕、卷子、徽州饼、麻团等。每一类中又有若干品种，如烧麦就有糯米烧麦、虾肉烧麦、翡翠烧麦【图2-14】等，而且口味以咸鲜为主。

就面条而言，苏州、杭州面条的特色是善于制汤、卤及浇头，如苏州“枫镇大面”和“奥灶面”，味美鲜醇，体现了苏州的地域饮食文化特色；杭州的“片儿川面”和“爆鳝面”，其味道也是令人回味无穷。在上海的面条品种中，最负盛名的是阳春面，又称光面，乃是从贩夫走卒到商贾人等的便利之食。此面制法简单，在酱麻汤碗里盛上滚烫的面条，缀上碧绿的点点葱花即可。上海开埠以后，许多面馆曾对阳春面的汤加以改

图 2-14 翡翠烧麦

进，有用鸡和肉骨头熬制，也有增加各种鱼同煮的，鲜不胜言。阳春面由“清水”变成“高汤”，体现了海派文化善于吸收变化的特点。

今天上海的面点，历经数百年时世变迁，汇集东西南北的风格，成为一域翘楚，其核心秘密就是上海文化的融合和变异。例如，苏北盐城的黄桥烧饼到了上海多了细腻；苏州昆山奥灶面到了上海少了油酱的腻味；包子这种北方的主食，到了上海就小吃化了，馅多皮薄，连名字也换成肉馒头和菜馒头；甚至那些来自异国他乡的面条，也逐渐成为上海市民饮食的一部分。

上海是古老的，又是年轻的，从古代早期的吴越文化前哨，中世纪的江海通津，近代的十里洋场，直到今天的全国经济中心，人们一代又一代地为它贡献出智慧和力量，使得它在面食上也最终形成了东西交融，南北互补，制作精细，精华荟萃的海派面食特色，这也是它的魅力之所在。而所谓海派文化，是近代学人对上海近代文化所做的概括，“海”是襟怀宽阔，包罗万象的意思，用以形容近代上海面食文化倒也十分贴切。

三　川、鄂、粤面食

说到四川面食，不能不提到成都。众所周知，成都乃天府之国，它优越的地理环境，造就出了这个城市优裕与悠闲的风情。朱自清先生曾言，若要概括成都这座城市的特点，那便是“闲适”

了，也正是这种闲适的风情造就了成都人在吃上特别的讲究，清末傅崇矩的《成都通览》上就记载了200余种著名小吃，其中如面条就多种多样，美不胜收，享有盛名的有担担面【图2-15】、宋嫂面、甜水面、铜井巷素面、牌坊面、四川凉面、红油燃面等，仅从名字就可以看出，每一种面条都有自己的传奇。

在这些面条里，担担面作为中国五大名面之一，更是美名远播。可以毫不夸张地说，华人中不知道此面的人委实不多，只要是喜爱面食的人，无不被其独到的风味与特点所折服。其特有的红中透亮之色泽、柔韧筋道之口感、咸鲜香辣之口味、醇香浓郁之香气，给吃过的人们留下了面一入口、余味无穷的美好印象。如今，担担面已不仅仅是一种面，而是一种文化符号，一种代表四川、代表中华面食的符号。它已走出四川，

图2-15 担担面

图 2-16 热干面

跨过国门，甚至名扬海外。对于在异地，在他乡，甚至在海外的四川游子，担担面也是浓郁乡愁的一种寄托吧。

重庆人把素面条称之为小面，之所以叫小面，是相对“大”面而言。什么是大面？如北京炸酱面，一碗热腾腾的面后面跟着七八个小碟，面里的调料五花八门，吃碗面要折腾半天；再看成都的面，鸡蛋的、牛肉的、排骨的、炸酱的、怪味的、海鲜的，等等，而重庆小面呢？只有水面、小菜再加酱油、醋、味精、油辣子、花椒面、榨菜粒、芽菜末等。小面之所以被称之为小，并非因其面小抑或碗小，而是配料上的简单明了，而且不因配料的简单而影响其美味。

武汉热干面【图 2-16】也是江城的一个文化符号。有人问香港凤凰电视台节目主持人许戈辉，武汉让你印象最深的是什么？她回答说，“是热干面，这是武汉标志性的小吃，很特别，令人很难忘”，而在众多武汉人的心目中，“蔡林记”热干面馆就是热干面的代名词。它爽滑筋道，黄而油润，香而鲜美，未食而乡情浓浓，诱人食欲；食之则香飘四溢，回味无穷，这种口味早已融入武汉人的饮食生活中。“我最喜欢吃武汉的热干面。要说武汉的特产，这最具有典型”，易中天先生说，在武汉的日子里，他几乎每天都要吃。特别是蔡林记这座老店，不仅仅是商铺，也是一个地域文化的载体，一种特定文化的象征，一种牵动乡土情怀的称谓。再从大的方面来说，近百年来，热干面已经成为武汉的代名词，“蔡林记”如同黄鹤楼、归元寺一样成为武汉亮闪闪的一张名片，易中天先生认为“热干面作为一种餐饮早点，它成了表现一种楚文化的载体”。这个载体承载着楚人豪爽、鲜明的个性。

荆州沙市是灿烂辉煌楚文化的发源地，素有“鱼米之乡”和“江汉明珠”之美誉，号称“小香港”。如今的沙市虽不复当年之风采，但这丝毫不妨碍沙市人以善吃、好吃、会吃而自居，这里交通发达，善于吸纳全国各地各式各样的饮食风味，同时又善于改造创新，创造出具有独特风味的楚地饮食文化，其中尤以沙市特有的大连面系列（其中分大连面、中连面、小连面）受大众喜爱，广受赞誉。大连面对于沙市人来说几乎就是早点的代名词，正如武汉人对热干面、北京人对豆汁、兰州人对拉面一样的情感。

面食在粤地也是无处不在。广东早茶便是以面食为主，叉烧包、莲蓉包、小笼包、蟹粉包，等等，包包精彩，均是面食；广东人爱煲汤、饮汤，热气腾腾、香气四溢的汤面自然是粤人之首选，而最受欢迎的面莫过于云吞面。

云吞源于北方的“馄饨”，传入广东时因“馄饨”与“云吞”的粤语发音相近，又取其“一口一颗”的意思，于是广东人逐渐把“馄饨”称为“云吞”。再后来经过长期的发展，广东的“云吞”亦有了自己独立的风格，跟目前北方的馄饨有一定区别。云吞与四川的“抄手”相类似，不过用料、外形略有不同。云吞与面一起煮成的云吞面是地道的广东小吃之一。

一碗“靓”的云吞面有三大要求：首先，面要韧性均匀，粗细适中，入口爽滑弹牙，蛋香浓郁。这些关于面条的口感要求，广东人和北方人是大异其趣的；其次，汤要够香浓，广东人将云吞面汤比作其灵魂与精髓，纵观大大小小的面馆，无不将汤料的配方视作传家之宝，秘不外传。因为这个原因，所以各家面档的汤底都有着各自的味道，这也成了各面档自家的招牌特色之一。但不管怎样的汤底，要求总离不开“香浓”二字。味鲜而清香的靓汤底是一碗靓云吞面所必不可少的；最后就是云吞要皮薄馅嫩，咬下去齿颊留香，回味无穷。三者缺一都不能称得上是一碗“靓”的云吞面。

虽然面食在广东并不是以主食的地位出现，但大部分的广州人对云吞面都有一种难以割舍的情怀，云吞面也深深融入了广州人的饮食习俗之中，浓缩了人们对这座城市的生活记忆。

四　面食中的南北饮食文化

一方水土养一方人，每个地方的饮食文化都

具有很强的地域性。北方老百姓常说“一天不吃面等于没吃饭”“只有面才经饱”，尤其是晋、陕、鲁、豫等地人民对面食的钟爱是其他区域不及的。这里的面食比较筋道实在，而爱吃面的人普遍身强耐劳，厚道朴实，两者之间必有微妙的关系。而南方人爱说：“面食面食，只管一时。”这也难怪，南方常年以稻米为主要食物，自然把面食当作一种小吃。虽然只是小吃，想要做好，也是要下一些功夫的。心灵手巧的南方人当然会使用全身解数把它们做出品味，做够花色品种，所以我们可以看出南方面条的一个重要特点就是灵活多变，精巧细致，二两面可以做出上百种味道来，并以简单的原料勾勒出纷繁复杂的美味，这也是南方面条的不凡之处，体现了南方人的性格特点。

说到性格，一些人常常认为北方人外露，有啥说啥，不避不藏，而南方人一般都较含蓄、内秀，含而不露。北方人吃面一般也是大盘大碗，颇具豪迈气概，说话干事干净利索，不拖泥带水，不像南方人饮食讲究精细，善于细嚼慢咽，做事更为理性。庞杰先生主编的《食品文化概论》中也认为，喜欢吃面食的人能说会道，夸夸其谈，不考虑后果及影响，做事容易丧失信心。这种说法应用到对群体性格的研究中有一些牵强，但食物能影响个人的性格与种族的繁殖等，这是许多人类学家的共识。

第三章　酬酢樽罍

中国饮食文化中有许多值得关注的问题，如中国古代的饮食礼俗、饮食养生以及中国古代宫廷饮食，这些方面都体现了中国的饮食之道。特别是由于古代文献中对皇帝如何饮食一向讳莫如深，因而使宫廷饮食更显神秘。近代以来，以清宫生活为题材的野史、小说等文学作品固多，但多是寄想托情之作，不可完全作为信史。所以，人们在接受艺术的熏陶之后，又迫切想要了解历史的本来面目，如清代皇帝的饮食生活是如何安排的？吃些什么菜？喝些什么酒、茶？肃穆而烦琐的宫廷盛宴是如何进行的？宫廷中的饮食器具是什么样的？饮食有什么礼俗？凡此种种，都是关心历史的人们所乐于知晓的。

第一节　饮食礼俗

礼俗是一个民族文化本质特征的一种体现，是考察民族的历史、文化和心理素质的“社会化石”。中国是一个具有数千年礼俗的文明古国，这在人们的饮食生活中表现得相当突出。《礼记》中认为原始的礼仪行为就是从人们的饮食活动中产生的，这便是所谓“夫礼之初，始诸饮食”。

一　分食制

一般认为，中国传统的宴席方式是共享一席的合食制。遇有喜庆，无不是以大宴宾朋来表示，其特征可用“食前方丈”来概括。这种津液交流的合食制固然显得热烈隆重，但从卫生的角度来看并不妥当，所以，这种在一个盘子里共餐的合食传统，确实有必要改良。然而，这种传统在中国并不古老，存在的历史也就只有一千多年。

分食制的历史可以上溯到远古时期。在原

始氏族社会里，人们遵循着一条共同的原则，就是对财物的共同占有、平均分配。当时，氏族内食物是公有的，食物煮熟以后，按人数平均分配，一人一份。这时住所中既没有厨房和餐厅，也没有饭桌，一个家庭的男女老少，都围坐在火塘旁进餐。所以，在新石器时代的地穴式、半地穴式和地面式的住所中，都毫不例外地发现有火塘遗迹。这些火塘大多设在房子的中心部位，其形式有圆形、方形、瓢形诸种，凹下地面。如在裴李岗和仰韶等新石器时代文化遗址中，都曾发现有火塘的遗迹。这些现象表明，火塘在远古人类生活中是不可缺少的。火塘位置的设置反映了原始家族围灶烧烤食物，共尝滋味，享受天伦之乐的一种食俗。在这些火塘遗迹旁，还常发现有陶罐或陶釜，远古人们便是利用这些炊器在火塘上烧煮食物，然后平均分吃，这就是最原始的分食制。

郭宝钧先生在《中国青铜器时代》中说，考古工作者在对殷墟发掘中曾发现一个有趣的现象："殷墟出土陶鬲破片占大量，一鬲容积，只可足一人一餐之用，似乎是人各一鬲，而且是鬲皆用陶（辛村西周卫侯墓约有 25 墓各出一陶鬲，即贵族墓也不例外）。以鬲煮粥，只是把米和水放入鬲中加火漫煮，米熟即得。"这从饮食器具上证明了当时实行的是分食制。

为什么在商周乃至汉唐这样一个很长的历

图 3-1 打虎亭汉代宴饮图

史时期中国都盛行分食制呢？这个问题不仅与远古社会平均分食的传统饮食方式有关，而且由于当时能影响它发生变化的外部条件也不成熟，因为合食、会食制的形成，是与新家具的出现以及烹饪技术的发展、肴馔品种的增多有关的。

我们从发掘出的汉墓壁画、画像石和画像砖上，经常可以看到人们席地而坐、一人一案的宴饮场面。如在河南密县打虎亭一号汉墓内画像石的饮宴图上【图 3-1】，宴会大厅上帷幔高垂，富丽堂皇。主人席地坐在方形大帐内，面前设一长方形大案，案上有一大托盘，托盘内放满杯盘。主人席位的两侧各有一排宾客席，已有三位客人就坐，有的在互相交谈，几个侍者正在其他案前做准备工作。另在成都市郊出土的汉代画像砖上，也有一幅宴乐图【图 3-2】，在其右上方，一男一女正席地而坐，男者头上戴冠，身着宽袖长袍，

图 3-2 汉代宴乐图

女者头戴双髻，两人一边饮酒，一边观赏舞蹈。中间有两案，案上有尊、盂，尊、盂中有酒勺。

文献中也有不少材料证实这种分食方式。《史记·项羽本纪》中的鸿门宴就透露出当时实行的是分食制，在宴会上“项王、项伯东向坐。亚父南向坐，亚父者，范增也。沛公北向坐，张良西向侍”。这五人，一人一案。

《史记·田叔列传》中载，汉高祖经过赵地，“赵王张敖自持案进食”。可见食案是很轻的。《后汉书·逸民传》中记述东汉隐士梁鸿，受业于太学，后入上林苑牧猪。还乡娶妻孟光，后又转徙吴郡（今苏州），梁鸿“为人赁舂，每归，妻为食具，不敢于鸿前仰视，举案齐眉”，以示敬重。孟光的举案齐眉，成了夫妻相敬如宾的千古佳话。以上这些文献都说明，汉代人们基本上都是坐在席上饮食，席前设案，这与先秦并无二致。

分食制在汉至初唐时期能够施行，使用食案【图 3–3】进食是一个原因。同时，中国传统烹饪技艺的发展大体上与这种小木案作为摆放食品的器物是相适应的，肴馔品种虽然已在逐渐增多，但还不像后世那样可以用“食前方丈”来形容，小木案基本可以摆放一般酒席上应有的肴馔，两者之间的矛盾并不十分突出，因而分食制有存在的空间。

二　席地而食

在先秦时期，中国先民习惯于席地而坐，席地而食，或凭俎案而食，人各一份，清清楚楚。殷周时期人们席地而食，除了有当时无桌椅板凳这一因素外，更主要的恐怕还与大多数住房较为低矮、窄小有关。进入殷商时期，随着生产力的发展，工艺技术水平的提高，必然会使人们日常

图 3–3 彩漆酒具盒

生活的面貌发生一些变化。在室内用具上，席的使用已十分普及了，并成为古代礼制中的一个规范。当时无论是王府还是贫苦人家，室内都铺席，但席的种类却有区别。贵族之家除用竹、苇织席外，还有的铺兰席、桂席、苏熏席等，王公之家则铺用更华贵的象牙席，工艺技巧已十分高超。

铺席多少也有讲究。西周礼制规定天子用席五重，诸侯三重，大夫两重。且这些席的种类、花纹、色彩均不相同。

后来，有关用席的等级意识逐渐淡化，住房内大多只铺席一重，稍讲究一点的，再在席上铺一重，谓之“重席”。下面的一块尺寸较大，称为“筵”，上面的一块略小，称为“席”，合称为“筵席”。筵要铺满整个房间，一块筵周长为一丈六尺，房间大小用多少筵来计算。席因为铺在筵上，一般质料比筵也要细些。

商周民众无论是平时进食或举行宴会，食品、菜肴都是放在席上或席前的案上，一些留存下来的礼器，如俎、豆【图 3–4】、簠、簋、觚、爵等饮食器，都是直接摆在席上的。正如郭宝钧《中国青铜器时代》所说：“原来殷周遗存的青铜礼器，分盛肉、盛饭、盛酒、盛水四种，而四种中又有制作、升进、食用三种不同的用途，他们能放在筵席上的也只是食用的一种。”文献与考古资料都证明商周之民是席地而食的，一二人是

图 3–4 彩漆鸳鸯木雕豆

如此，就是大宴宾客也是如此，主人和客人也都是坐在席上，无席而坐是被视为有违常礼的，后世的筵席、席位、酒席等名称就是由此发展而来的。

商周礼制规定，席子要铺得有规有矩，所以后来孔子曾说“席不正，不坐”“君赐食，必正席先尝之”。所谓“席不正”，就是席子铺得不端正,不直,歪歪斜斜,或坐席摆的方向不合礼制。

席地而食也有一定的礼节，首先，坐席要讲席次，即座位的顺序，主人或贵宾坐首席，称“席尊”或“席首”，余者按身份、等级依次而坐，不得错乱。其次,坐席要有坐姿。要求双膝着地，臀部压在后足跟上。若坐席双方彼此敬仰，就把腰伸直,是谓跪,或谓跽。坐席最忌随随便便。《礼记·曲礼上》曰：“坐毋箕。”也就是说，坐时不要两腿分开平伸向前，上身与腿成直角，形如簸箕，这是一种不拘礼节、很不礼貌的坐姿。

三　分食向合食的转变

西晋以后，居住在西北地区的匈奴、鲜卑、羌、氐等少数民族先后进入中原地区，出现了规模空前的民族大融合的局面，引起了饮食生活方面的一些新变化。同时，建筑技术的进步，特别是斗拱的成熟和大量使用，增高和扩展了室内空间,这也对传统低矮型家具提出了新的变革要求。床榻、胡床、椅子、凳等坐具相继问世，逐渐取代了铺在地上的席子。凡此种种，都不断冲击着传统席地而坐的饮食习俗。

胡床，也就是交椅，其坐法与中国的传统跪坐完全不同，人是臀部坐在胡床上，两腿垂下，双脚踏地。《梁书·侯景传》载，侯景“常设胡床及筌蹄，著靴垂脚坐”。这种坐法又称为“胡坐”。由于坐胡床必须两脚垂地，这就改变了传统跪坐的姿势，且这种坐姿又比跪坐舒服，因此，中国传统席地而跪坐进食的饮食方式就受到了冲击。

魏晋南北朝开始的家具新变化，到隋唐时期走向高潮。一方面表现在传统的床榻几案的高度继续增高，常见的有四高足或下设壶门的大床，案足增高；另一方面是新式的高足家具品种增多，椅子、桌子都已经开始使用，目前所知纪年明确的椅子形象，发现于西安唐玄宗时高力士哥哥高元珪墓的墓室壁画中，时间为唐天宝十五年(756)。四足直立的桌子，也出现在敦煌的唐代壁画中，人们在桌上切割食物。到五代时，这些新出现的家具日趋定型，在《韩熙载夜宴图》【图3-5】中，可以看到各种桌、椅、屏风和大床等陈设室内，图中人物完全摆脱了席地而食的旧俗。

桌椅出现以后，人们围坐一桌进餐也就是自然之事了，这在唐代壁画中也有不少反映。1987年6月，考古工作者在陕西长安县南里王村发掘了一座唐代韦氏家族墓。墓室东壁绘有一幅宴饮

图 3-5 五代顾闳中《韩熙载夜宴图》
北京故宫博物院藏

图【图 3-6】，图正中置一长方形大案桌，案桌上杯盘罗列，食物丰盛，有馒头、蒸饼、胡麻饼、花色点心、肘子、酒等，案桌前置一荷叶形汤碗和勺子，供众人使用，周围有三条长凳，每条凳上坐三人，这幅图表明分食已过渡到合食了。此外，在敦煌第 473 号窟唐代壁画中也可看到类似围桌而食的情景。这些都充分说明唐人的饮食方式已发生了划时代的转变。

由分食制转变为合食制，并不是随着桌椅的出现一蹴而就的，中间也还是有分食的，如在南唐画家顾闳中的传世名作《韩熙载夜宴图》中，就透露了有关信息。图中的南唐名士韩熙载盘膝坐在床上，几位士大夫分坐在旁边的靠背大椅上，他们的面前分别摆着几个长方形的几案，每个几

图 3-6 唐长安士人在郊外宴饮壁画

案上都放有一份完全相同的食物，是用八个盘盏盛着的果品和佳肴。碗边还放着包括餐匙和筷子在内的一套进食具，互不混杂。这说明在唐代末年，合食制成为潮流之后，分食的方式也并未完全消除。

此外，在有些场合，即使是围桌而食，食物却还是一人一份，不像后世那种津液交流的合食制，而是有合食气氛的分食制。

合食制的普及是在宋代，这是因为宋代饮食市场十分繁荣，名菜佳肴不断增多，一人一份的进食方式显然不适合人们嗜食多种菜肴风味的需要，围桌合食就成为一种不可阻挡的潮流了，并传承至今。

四　宴席座次

中国古代饮食礼俗中有一套细致入微的宴席座次规范，它主要表现在室与堂这两个不同地方。

《史记·项羽本纪》中记载，西楚霸王项羽在鸿门军帐中大摆宴席招待刘邦【图 3-7】。在宴会上，“项王、项伯东向坐。亚父南向坐，亚父者，范增也。沛公北向坐，张良西向侍”。在这里，项羽和他的叔父项伯坐的是主位，坐西面东，是最尊贵的座位。其次是南向，坐着谋士范增。再次是北向，坐着项羽的客人刘邦，说明在项羽眼里刘邦的地位还不如自己的谋士。最后是西向东坐，因张良地位最低，所以这个位置就安排给了张良，叫作侍坐，即侍从陪客。鸿门宴上座次的安排是主客颠倒，反映了项羽的自尊自大和对刘邦、张良的轻侮。

以东向为尊，在《史记》中还有充分的反映，如《史记·武安侯列传》说田蚡“尝召客饮，坐其兄盖侯南向，自坐东向”。田蚡认为自己是丞相，不可因为哥哥在场而不讲礼数，否则就会屈辱丞相之尊。《史记·周勃世家》亦云“周勃不

图 3-7 鸿门宴图
壁画
洛阳古墓博物馆藏

好文学，每召诸生说士”，自居东向的座位，很不客气地跟儒生们谈话。这样的例子在史书中很多。一般而言，只要不是在堂室结构的室中，在一些普通的房子里或军帐中，都是以东向为尊的。所以顾炎武《日知录》亦云：“古人之坐，以东向为尊。”

以上是室内尊卑座次的安排，而堂上宴席尊卑座次则与此不同。

堂是古代宫室的主要组成部分。堂位于宫室主要建筑物的前部中央，坐北朝南。堂前没有门而有两根楹柱，堂的东西两壁的墙叫序，堂内靠近序的地方分别叫东序和西序；堂的东西两侧是东堂、东夹和西堂、西夹；堂的后面有墙，把堂与室、房隔开，室、房有门和堂相通，古人常有“登堂入室”的说法。

堂用于举行典礼、接见宾客和饮食宴会等，但不用于寝卧。在堂上举行宴饮活动时，就不是以东向为尊了，清人凌廷堪所著的《礼经释例》中说：“室中以东向为尊，堂上以南向为尊。”这种以宴席座位次序来显示尊卑高下的礼俗，逐渐普及到社会的各个阶层，一直在流行，并传承到近现代。

五　进食礼仪

古代的进食礼仪规则，在《礼记》中有详细记载，由于《礼记》是儒家经典，相传为西汉戴圣编纂，所以它所体现的饮食行为规范，带有一定的汉代色彩，并且也为汉代以后封建社会历代统治者所遵循，成为一种礼俗。

首先，菜肴在摆放上，必须按照礼的规则，《礼记·曲礼》云："凡进食之礼，左肴右胾，食居人之左，羹居人之右。脍炙处外，醯酱处内，葱渫处末，酒浆处右。以脯修置者，左朐右末。"凡是陈设餐食，带骨的菜肴放在左边，切的纯肉放在右边。饭食放在人的左手方，羹汤放在人右手方。细切的和烧烤的肉类放远些，醋和酱类放在近处。葱等伴料放在旁边，酒等饮料和羹汤放在同一方向。如果另要陈设干肉、牛脯等物，则弯曲的在左，挺直的在右。这套程序在《礼记·少仪》中更有详细记载，如"羞濡鱼者进尾，冬右腴，夏右鳍"。上鱼肴时，如果是烧鱼，以鱼尾向着宾客；冬天鱼肚向着宾客的右方，夏天鱼脊向着宾客的右方。"凡齐，执之以右，居之于左。"凡是用五味调和的菜肴，上菜时，要用右手握持，而托捧于左手上。

同时，《礼记·礼器》认为，"礼有以多为贵者，天子之豆二十有六，诸公十有六，诸侯十有二，上大夫八，下大夫六"。这就是说天子的饮食有二十六道菜，公爵十六，诸侯十二，上大夫八，下大夫只有六道菜。我们再比较一下平民的饮食之礼，《礼记·乡饮酒义》曰："乡饮酒之礼，六十者三豆，七十者四豆，八十者五豆，九十者六豆，所以明老也。”乡饮酒，是乡人以时会聚饮酒之礼，在这种庆祝宴会上，最为恭敬的长者，也只能享受六盘菜的礼，只相当于一个下大夫平日的生活水平。从这些礼文中可以反映出，不同阶层的饮食差别是非常悬殊的。

其次，在用饭过程中，也有一套繁文缛礼，这就是：“共食不饱，共饭不泽手，毋抟饭，毋放饭，毋流歠，毋咤食，毋啮骨，毋反鱼肉，毋投与狗骨。毋固获，毋扬饭。饭黍毋以箸，毋嚃羹，毋絮羹，毋刺齿，毋歠醢。客絮羹，主人辞不能亨；客歠醢，主人辞以窭。濡肉齿决，干肉不齿决。毋嘬炙。卒食，客自前跪，撤饭齐以授相者，主人兴辞于客，然后客坐。”这段话是说，大家共同吃饭时，不可只顾自己吃饱。如果和别人一起吃饭，就要检查手的清洁，不要用手搓饭团，不要把多余的饭放进锅中，不要喝得满嘴淋漓，不要吃得啧啧作声，不要啃骨头，不要把咬过的鱼肉又放回盘碗里，不要把肉骨头扔与狗。不要专挑一种食物，也不要簸扬着热饭。吃蒸黍饭要用手而不用箸，不要大口囫囵地喝汤，也不要当着主人的面调和菜汤，不要当众剔牙齿，也不要喝腌渍的肉酱。如果有客人在调和菜汤，主人就要道歉，说是烹调得不好；如果客人喝到酱类的食品，主人也要道歉，说是备办的食物不够。

湿软的肉可以用牙齿咬断，干肉就得用手分食。吃炙肉不要撮作一把来嚼。吃饭完毕，客人应起身向前收拾桌上盛着腌渍物的碟子，交给旁边伺候的人，主人跟着起身，请客人不要劳动，然后，客人再坐下。

如果是和长者在一起吃饭，更要注意规矩，《礼记·少仪》云："燕侍食于君子，则先饭而后已；毋放饭，毋流歠。小饭而亟之，数噍，毋为口容。"与尊长一起吃饭时，应先替尊长尝饭，再请尊长动口，而后自己动口，等尊长吃完后，自己也要停止；不要落得满桌是饭，流得满桌是汤。要小口地吃，快点吞下，咀嚼要快，不要把饭留在颊间咀嚼。同时，还要注意"羹之有菜者用梜，其无菜者不用梜"。汤里面有菜，就得用筷子来夹，如果没有菜，则只用汤匙。

以上这些烦琐礼节的宗旨，是为了培养人们尊礼的精神，它要求社会不同阶层的人们都得遵照礼的规定去从事饮食活动，以保证上下有礼，从而达到贵贱不相逾的生活方式。这套饮食礼俗对中国古代社会产生过极大的影响，由于日常生活和交际的需要，饮食生活中的礼俗进一步固定下来。

第二节 食养有道

科学进食是一门古老的学问，它与人类的兴衰、繁衍有着密切的关系。对于如何科学地饮食，中国历代人民从来未停止过的探讨和研究。我们的祖先很早就认识到了膳食模式在人们生活中的重要地位,以及饮食与人体健康的密切关系。

一 “养生之道，莫先于饮食”

中国古代有“医食同源”的说法，最早的药物都是食物，所以中国医学与饮食一开始就结下了不解之缘,最早的医疗方法就要算饮食疗法了。中华民族的食物结构主要是谷物和蔬菜，以及少量的肉类，长期的实践，使人们了解到哪种食物对人体哪方面有益，哪些可去病。因此，在以食物作为治疗手段的方面，中医可算是首创，并积累了异常丰富的宝贵经验。

首先，在先秦时人们就已认识到日常生活

中对身体健康影响最大的，便是饮食，所以很早就提出“病从口入”的论断，以期引起人们警惕。注意身体健康，无疑要从饮食入手。我们的祖先在旧石器时代就已知道用火，发明了熟食，这不仅把人类的进化往前推进了一大步，而且对于人体健康，防止疾病的产生，也有重要的意义。

其次，我们的祖先很早就认识到，哪些食物能吃，哪些食物不能吃，什么可多吃，什么应少吃。远在西周，人们就认为有六种肉由于有腥、臊、膻等气味而不可食，即《周礼·天官·内饔》中所说“牛夜鸣则庮；羊冷毛而毳，膻；犬赤股而躁，臊；鸟皫色而沙鸣，狸；豕盲视而交睫，腥；马黑脊而般臂，蝼”。

春秋战国时期，由于社会比前代进步，人们对于如何科学卫生地饮食更为注重，认识到凡是食物变了味，变了色以后，都是不宜去吃的，吃了就容易生病。所以孔子在《论语》中说：“食饐而餲，鱼馁而肉败，不食，色恶，不食。臭恶，不食。失饪，不食。”

孔子【图 3–8】认为粮食霉烂发臭，鱼和肉腐烂变质，食物颜色难看，气味难闻，或是烹饪不当，即过熟或不熟，都不能吃。这并不只是孔子的个人看法，而是我们祖先早就形成的讲究饮食卫生的优良传统。汉代名医张仲景在《伤寒论》中写道：“秽饭、馁肉、臭鱼，食之皆伤人。六

图 3-8 南宋马远 孔子像
北京故宫博物院藏

畜自死，则有毒，不可食。”

孔子还提倡“食不言”，认为吃饭时不要说话，话说得过多，不但会影响消化功能，还有可能使食物进入气管，影响进食。孔子还说过:“不撤姜食，不多食。”他认为菜肴中的姜，人们用来调味，但吃时不要扔掉它。因为姜不仅可以解肉中的腥味，而且能促进消化，对老年人更为有益，但也不应该多吃。

由此可见，孔子对饮食生活是十分讲究的，

他既注重饮食的礼仪，又讲究饮食的卫生。

饮食是为了生存，注意饮食卫生是为了生存得更加健康，如果对此不予重视，就有碍健康。对于这些道理，中国先民早在几千年前就加以阐明和强调，显然是值得后人加以注意的。

再次，主张采用谷、果、菜、畜类等混合食物，以使膳食营养成分合理搭配，相对平衡。在中国最早的医书《素问·脏器法时论》中就谈到：“五谷为养，五果为助，五畜为益，五菜为充。”这种观点至今也被认为是非常科学的。众所周知，蛋白质是人体最需要的营养物质，古往今来，中国人民的营养摄取主要来源于植物蛋白。现代科学已经证实，植物蛋白恰恰具有动物蛋白所没有的优越性，它既可防病治病，又可益寿延年。然而这一点中国古代人民早已有所认识，这在中国古代医书中已被反复证明。中国古代医书认为稻米能补中养气、益气生津；高粱可补气养脾，治阳盛阴虚、夜不能寐；小麦也能补虚乏，实皮肤，厚肠胃，强筋力；大豆能补中解毒；荞麦也能开胃宽肠，益气力，御风寒；红薯有补脾胃，长气力，益颜色之功；芝麻有补五内，填髓脑，长肌肉之效。蔬菜瓜果往往有更特殊的医药效果，如大蒜下气止痛，杀虫，久服令人血清（降血脂）。萝卜润肺化痰，治咳嗽失音等。这说明植物性食物只要搭配适宜是有益于健康的。

最后，主张饮食疗法。饮食疗法起源于中国，是中国古代劳动人民在长期的生活实践中所创造的，随着农业和饮食业的不断发展而得到充实提高，从单纯的汤酒之类，发展到浆、乳、饮、羹、饼、点心、菜肴等，品种齐全。所以，《周礼·天官》中的“食医”，就主张要加强饮食卫生，对疾病也要采用饮食疗法，虽然他们的认识尚停留在感性阶段，没有形成著述，但根据他们的饮食配方来看，却无疑属于饮食疗法，在《礼记》中也可以看到不少属于饮食疗法的记载。

综上可见，“养生之道，莫先于饮食”，人类生活虽然离不开食，但食多食少，食好食坏，可食与不可食等，都直接关系到人类健康。因此，科学的饮食始终是人类探索的重要课题，中国先民在这方面有着丰富的经验，所以，我们应当重视和发掘这一宝贵的文化遗产，为人类造福。

二　节制饮食，无强厚味

中国古代的思想家大多都是节制饮食的提倡者，认为饮食应不要过量，保持一定的限度。这样做不仅对社会有利，对个人也是有利的。因此，他们所倡导的节制饮食思想，有着丰富的社会背景和文化内涵。《墨子》中说：“古者圣王制为饮食之法，曰：‘足以充虚继气，强股肱，耳目聪明，则止。’不及五味之调，芬香之和，不致远国珍怪异物。”墨子这里指出了饮食的第一

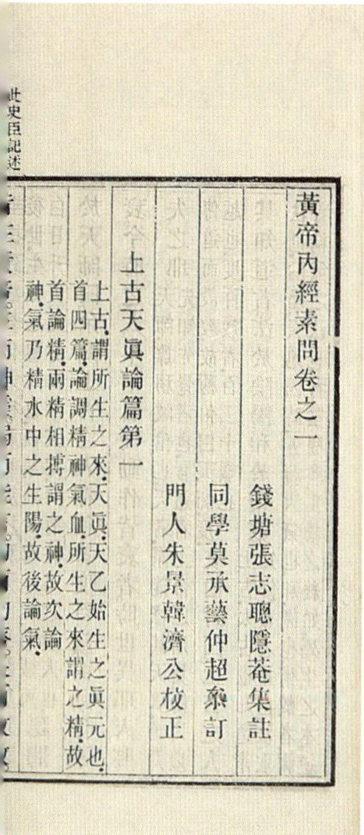
黃帝內經素問卷之一
錢塘張志聰隱菴集註
同學莫承藝仲超參訂
門人朱景韓濟公校正
上古天眞論篇第一
上古謂所生之來天眞天乙始生之眞元也
首四篇論調精神氣血所生之來謂之精故
首論精兩精相搏謂之神故次論
神氣乃精水中之生陽故後論氣

图 3-9《内经・素问》书影

个目的，就是强健身体，吸取营养。

然而，饮食还有一个目的，就是享受，吃起来爽口，中国古代的思想家和烹饪专家都注意到这两个方面。但是，作为享有特权的贵族来说，却往往过多地注意后者。大量的山珍海味、美味佳肴食用以后，使胃部负担过重，不易消化，反而影响健康。正如《管子》所说："凡食之道：大充（指过于饱），伤而形不臧；大摄（指过于饥），骨枯而血冱。充摄之间，此谓和成。"

中国古代的思想家在提倡节制饮食的同时，还反对追求厚味和美味，主张薄滋味。《吕氏春秋・尽数》篇中说："凡食，无强厚味，无以烈味重酒。是以谓之疾首。"《内经・素问》【图 3-9】认为："味过于酸，肝气以津，脾气乃绝；味过于咸，大骨气劳，短肌，心气抑；味过于甘，心气喘满，色黑，肾气不衡；味过于苦，脾气不濡，胃气乃厚；味过于辛，筋脉沮弛，精神乃尖。"这说明饮食中味道过厚，对人体健康是不利的。

针对饮食中的厚味现象，古代的一些思想家又崇尚淡味，追求食物中的本味。《老子》说："为无为，事无事，味无味。"他还认为饮食活动中的淡味是百味之首，这是他崇尚自然，返本归真的表现，反映了他无为的处世哲学。

老子的崇淡饮食观对后世的饮食活动产生了一定的影响，形成了一种特殊的审美风格与审美趣味。如饮食环境、宴席设计、饮食器具、食品调味等方面，至今仍有很多人力求淡雅、淡素、清淡的风格与趣味，从而扩大了“淡”的范围。特别是在菜肴方面，崇淡的饮食观更有其一定道理。《说文解字》曰：“淡，薄味也。”亦即清淡之味，素菜皆属清淡之物，它能醒脾胃，去浊气，清人杨宫建在为《养小录》所作的序中，更直接地论述了淡味的好处，他说：“烹饪燔炙，毕聚辛酸，已失本然之味矣。本然者，淡也，淡则真。昔人偶断肴羞，食淡饭，曰：今日方知其味，向者几为舌本所瞒。”

这说明古人已认识到有些食物本身就具有很好的滋味，如果放了五味，或者五味过厚，调料过多，反而会掩盖其自身的味道，于是讲求本味的理论就时兴起来，至今还有很大的影响。

另外，中国古代的思想家还提出了少吃酒肉的主张。《论语》上记载孔子平日的生活说：“肉虽多，不使胜食气。”又说：“不为酒困。”《吕氏春秋·本生》篇甚至郑重地提出：“肥肉厚酒，务以自强，命之曰烂肠之食。”这说明喝酒吃肉过多，有损健康，甚至会带来不幸的后果。例如，东晋田园诗人陶渊明、唐代诗仙李白、诗圣杜甫，虽然博学多才，给后人留下大量的绝唱名篇，可是，他们的后代却碌碌无为，没有一个有成就的。暮年的陶渊明逐渐领悟到后代的呆笨盖缘以杯中酒的贻害。原来这三位大诗人都嗜好“杜康”，常狂饮数日，烂醉如泥。殊不知过量的饮酒，却给自己的子女带来了想象不到的恶果，使他们成了智力上的低能儿。

第三节 宫廷饮食

有人做过这样的统计，中国从有历史记载的时代算起，一直到清朝的最后一个皇帝——溥仪，中国封建社会历史上共建立过大小朝廷 83 个，皇帝 397 位，王 162 位，帝王总数为 559 位。中国帝王之多，完全可以成为“世界之最”了。那么，这些曾在历史上不可一世的皇帝及其皇室成员，他们的饮食生活是怎么样的呢？

在中国古代社会中，帝王拥有社会的一切，正如《诗经》中所说的“普天之下，莫非王土。率土之滨，莫非王臣”。在中国封建社会里，国家即帝王的家天下，正因为如此，帝王也就拥有最大程度、最高质量的物质享受。他们可以在全国各地搜罗奇珍异品，役使天下名厨，集聚天下美味。经过历代御厨的卓越创造，到了清代，它继承并推进了中国古代高度发达的封建经济，总结并汲取了中国饮食文化的光辉成就，终于将中国饮食文化推进到了登峰造极、叹为观止的地步。皇帝食案上闪着奇光异彩，享受着人间最珍贵、最精美的膳食。皇帝及其皇室成员所享用的御膳，虽然在数量上不及地方菜多，范围上也仅限于国都，但宫廷饮食却是那个时代中国烹饪的精华，对于中国饮食文化的发展影响深远。

一　宫廷御膳的管理机构

清代宫廷御膳有一个庞大的管理机构，即内务府和光禄寺。内务府是掌管清代宫廷事务的机构，主要承办皇室的衣、食、住、行诸务，处理一些与六部有关的事务，如宫中财物收支、各项典礼、修造工程、稽察警卫，以及管理太监、宫女等。内务府下属的“御茶膳房”则是专门管理皇帝与宫廷饮食的机构。另外，内务府广储司的茶库，营造司的炭库、柴库，掌仪司的果房和庆丰司管辖的牲畜群等，也都与宫廷饮食有密切的联系。

御茶膳房是负责皇室日常膳食，并承担部分筵宴方面的机构。御茶膳房下设茶房、清茶房和膳房。茶房的司膳官员有总领 3 名，另有饭房人 35 名，承应长 2 名、承应人 15 名、庖长 3 名和厨役 20 名。以后各朝人数均有增减，并陆续增设章京、笔帖式和主事等官职，均无定额规定。

嘉庆二十五年（1820），在寿康宫内又增设了茶膳房，它是专门为太后、嫔妃承办茶膳之处。

清代皇宫中还为皇子设有专门的饭房和茶房。另外，在圆明园、颐和园等御园内，也设有御膳房（称“园庭膳房”）；在热河、滦河、张三营等行宫处，亦设有“行在御膳房”，皇帝每次外出巡幸，都要带一个御膳班子，以保证皇帝在外的饮食。

御茶膳房之下还设有买办肉类处、肉房和干肉库等机构，负责各种肉类和海鲜品的采进、储存和供应，由内务府派来的各库库长，库守主掌其事。

二　清宫饮食礼俗

宫廷饮食礼俗发展到清代已相当完备了，可以说，清代宫廷饮食礼俗是集历代宫廷饮食礼俗之大成，最具有代表性。

清代皇帝每日进膳时间有严格的规定，到时务必开膳。根据清宫的膳食档案记载，皇帝每日进膳时间一般为卯正至辰正进早膳，未正进晚膳，即在早上七点前后进早膳，晚膳则在下午两点以后。如果皇帝在清晨或是傍晚想吃食物，则随时吩咐，俗称为点心。

清代皇帝在进膳前，还要让太监先尝一点。其程序是，御前侍卫传膳，尚膳正即令大小太监在用膳之前布陈膳桌，并从御膳房将早已准备好的膳馐抬出来，按照传膳规定布菜。皇帝此时并不立即用膳，而是先看银牌是否有毒性反应，然后再令随侍的太监把每样饭菜各尝一点,即尝膳。如果饭菜有毒，太监就会进毒而亡。进膳之严谨及皇帝防范、猜忌之心可见一斑。

另外，清代皇帝平时是单独进膳的，但每逢节日、庆典盛宴时，皇帝则和亲王、大臣同乐，饮食仪式就显得十分规范、庄重，特别是在春节时更为明显。

三　宫廷日常膳事

清朝皇帝平时吃饭称为“传膳”“进膳”“用膳”等，且日常膳食多在养心殿、重华宫等处；举办筵宴一般在乾清宫、太和殿【图 3-10】；祭祀时进膳则在坤宁宫。

清朝历代皇帝日常膳食的肴馔数量差别很大，如努尔哈赤和康熙两位皇帝，进膳比较简单。乾隆就不一样了，每次膳食的菜肴一般都在四、五十品以上。清朝愈到后来，皇帝的膳食愈铺张豪奢。

一般而言，乾隆朝以后，历朝皇帝的日常饮食都有四五十种以上，有的甚至达到上百种。

清代初期，皇室所吃的肴馔，野味所占的比重较大，主要是吃虎、熊、狍、獐、鹿、山羊、野猪、野鸡、野鸭等为原料制作的菜肴。制作也较为简单，大多是洗净后，割成大块，放入水锅中，加入盐、酱油、葱、姜、花椒、大料后，煮

图 3-10 乾隆太和殿赐宴图局部

熟即食，表现了满族人粗犷的传统食风。

但到清代中后期，野味肴馔渐趋减少。这种比重的日趋减少，有两个层面，一是其他饮食原料的不断丰富造成的相对减少，二是野味数量减少形成的绝对减少。

四　御膳的主要特色

清朝历代皇帝的饮食口味也不尽相同，各有所好。康熙时期，进膳所用的原料主要是东北出产的各类山珍野味及猪、羊、鸡等；乾隆时期，所食的肴馔就十分丰富了，除了东北的山珍野味外，主要喜食燕窝、鸭子、锅子菜和素食等，也爱品茶和水果，但他不吃海产品。在现今保存下来的有关记载康熙皇帝日常膳食的大量食单中，几乎找不出一款由鱼翅、海参、大虾、鲍鱼和各种鱼类烹制的菜肴。而晚清的光绪皇帝，则特别喜欢吃海鲜菜。在记载他进膳的有关档案中，用鱼翅、海参、海蜇、海带等原料烹制的菜肴很多。而慈禧则喜欢吃鸭子、熏烤菜和带有糖醋味、果味的菜肴，也喜欢吃菌蘑菇耳和新鲜的蔬菜。溥仪则喜欢吃素食和西餐。

为了使皇帝的膳食质量得到保证，御膳房在烹制菜肴时，除了注意严格地选料之外，在烹制菜肴的过程中也要精细加工，特别注意火候和口味，都要符合标准。而且御膳房每次为皇帝烹制肴馔时，必须将使用的原料和调料详细记入账单。为皇帝烹制的肴馔，用今天的话来说，就是“色、香、味、形”都要符合标准。一款菜的选料、加工、切配、火候、调味、烹制等，都有定规，决不允许同一款菜你做是这样的，他做是那样，这是御膳房一贯的旧制。如道光时期，道光想吃乾隆时期的菜馔，御膳房马上就能去做，而且和乾隆当时所食的肴馔基本一致。从这一点来说，清宫御膳房在继承前代烹调技艺方面，是十分严谨的。

为了更确切地掌握和了解皇帝的口味嗜好，御膳房真是煞费苦心。主管膳事的官员每次都要留心打听和观察皇帝在这一次进膳中多吃了什么，少吃了什么，没吃些什么，并要向守护在皇帝身边的宦官讨教，好了解皇帝在进膳时对肴馔的态度以及有关评价。本来负责皇帝膳事的机构是内务府，御膳房归内务府指挥，但实际上指挥御膳房的却不是内务府，而是皇帝身边的宦官，因为他们对皇帝的口味嗜好最清楚，因此御膳房也就乐意接受宦官们的指挥，免得出差错。

清朝皇室宫廷御膳的风味特色，主要是由三种地方风味发展而来的。

第一种是满族菜。满族早期过着游牧生活，牛、羊、马等肉类便成为日常生活食品的原料。满洲贵族入主中原以后，清宫内府的厨师利用这些原料，加以改良，从而形成一种独特的风味。

第二种是山东菜。本来北京的饮食没有什么特色，明朝都城移到北京时，皇室中的厨师大多来自山东，因此山东风味便在宫中普及开来。此后宫廷饮食便以山东风味为主并沿袭下来。

第三种是苏扬菜。乾隆皇帝数次巡行江南，每次都到苏州、扬州等地，并且对苏扬菜点十分赞赏，下令编制菜谱，从此苏扬菜也在宫中流行起来。

清代宫廷御膳在菜肴形式与内容、选料与加工、造型与拼配、口味与营养、盛器与取名等方面，都有严苛的要求。

例如，清代宫廷御膳在原料选择上有其他风味菜系无法匹敌的得天独厚的条件。它可以随意选取最好的烹调原料，各地进贡的名优土特产品，广收博取天下万物中的稀世之珍。不仅如此，还对饮食原料产地、质地、大小、部位，都有严格的要求，如熊掌、榛鸡、鹿茸、犴鼻等要东北的，鲥鱼要镇江的，银耳要四川的，鲍鱼、海参要山东的，鱼翅要南海的，哈士蟆要辽宁的，猴头菇【图 3-11】要兴安岭的，水要京西玉泉山的，米要京西稻和南宛稻，鹿

图 3-11 猴头菇

茸只取半寸以下的，鲤鱼只用一斤半重的，等等。有时为了调剂口味，也选用一些市井常见的原料，但其烹调之精细，辅料之昂贵，则非民间菜肴能够与之相比。

清代宫廷御膳十分讲究菜肴的造型艺术，菜肴图案要做到像盆景一样美观悦目。在造型手段上主要运用“围、配、镶、酿”等工艺。

“围”，就是以素围荤，以小围大，并注重利用荤素菜肴本身在色彩、质地、口味、营养成分等方面的不同特点，来调和整盘菜肴的色泽调味，烘托和突出主料，使荤素在口味、营养等方面达到补益调剂的效果。

“配”，就是要求将两种造型中不同的原料成双地搭配在一起，从而赋予一种特定的寓意。如以虾球和肉馅蛋饺相配制成的“黄葵伴雪梅”，就是协调搭配的代表作。

“镶”，就是指在一种原料中点缀上另一种经特殊加工的原料，使菜肴更富有逼真的形象。如“金鱼戏莲”就是用青椒、豌豆、虾尾等作为镶嵌料，再在整虾和茸泥制成的鱼形胚上镶嵌点缀而成的。

“酿”，就是将经过精加工的各种原料，如茸泥、丝、粒等填抹在整个原料内，使菜肴的外形更加完整饱满，滋味更加醇郁鲜美。

围、配、镶、酿等方法往往是运用于同一

道菜的烹制加工过程中，所以它们又常常互相包容，兼而有之。如围中有配，配中有镶，镶中有酿，酿中有围。只有十分注重配合使用，才能达到宫廷御膳在造型和口感上与众不同的特殊要求。

“皇帝不吃寡妇菜”，这是宫廷御膳的又一特点。意思是说，宫廷御膳菜切忌菜品原料单一化，一般都要求由两种或两种以上的菜肴品种拼制组合而成。菜肴原料的大小规格，也有特殊的要求。“不大不小，不多不少，入口恰好”，这是御膳菜原料切配操作的原则。成菜装盘时，力求具有饱满平整、松散浑圆的效果。

在原料的加工切配上，宫廷御膳菜对刀工有严格细微的要求。在刀法运用上，除要根据原料的特性进行造型外，还要注重烹制时使原料便于入味，刀技刀法精美丰富，加工要求严谨。仅举鱼类菜肴的加工制作为例，就有让指刀、兰草刀、箭头刀、模盘刀、金蝉脱壳刀、葡萄花刀等。这些加工刀法是与特定的烹制方法相匹配的，不能随意改变。如红烧鱼就要用让指刀；干烧鱼就要用兰草刀；清蒸鱼就要用箭头刀；酱汁鱼就要用棋盘刀等。

宫廷御膳菜的口味有“九九八十一口”之说，而且每一种口味都以一佳妙的词命名。如干烧鱼的梯子口，瓦香肉的三致口，八宝肥鸭的净贤口，蟹黄狮子头【图 3-12】的红光口，扒肘子的天堂口，香酥鸭的畹香口，粉蒸肉的佳女口，葱烧海参的吐汁口，焦熘里脊的文霞口，酒焖肉的东坡口等。这些口味大都是复合味，而且口感层次清晰，口味主次分明。

宫中的达官贵人、司膳太监，为了迎合宫廷御膳菜享用者们的特殊心理，赢得他们的欢心，给宫廷御膳菜的每一样菜肴和宴席都冠以一个吉祥富丽的名称，如龙凤呈祥，金凤卧雪莲，宫门献鱼，鹤鹿同春，百鸟朝凤，麒麟送子，雪月桃花，全家福等菜肴名；万寿无疆席，江山万代席，福禄寿禧席等宴席名，都含有吉祥富贵、美好祝愿的寓义。许多菜肴的名称中还夹带着一个美妙动人的故事传说。

清代皇帝及其皇室成员在进行筵宴时，不

图 3-12 蟹黄狮子头

仅精于美食，而且重视美器，通过精美的食品和精巧的食器【图 3–13】来体现政治上的至尊地位，以及“举世无双”的显赫权势。所用食器多为金银、玉石、象牙器皿，由专门的工匠精工制作。如瓷器是由江西景德镇“官窑”烧造，再由专门派遣之官送到紫禁城。这些食器一般都有专名，如“大金盘”“青白玉无盖葵花盒”“三阳开泰碗”“双凤金碗盖”“绿龙白竹金碗盖”“大紫龙碟金盖”等，可以说，每

图 3–13 清代皇帝进膳用具

一件餐具从外形到内观，都充分体现出皇家的“尊”“荣”“富”“贵”“典”“威”等独有的气派和权势。现在，北京故宫博物馆的“珍宝馆”内陈列的清代“宁寿宫”慈禧膳食餐具，仅金、银、象牙、玉石等材料制作的就有1500多件，其中金质餐具重有291公斤，银质餐具重有530公斤，由此可见清宫廷餐具的华贵浩繁。宫廷餐具的造型千姿百态，应有尽有，如仿古、象形餐具有周邦簠、伯申宝彝、尊鬲、雷纹豆、钟形味鼎、曲耳宝鼎等，其形状有鱼形、鸭形、瓜形、鹿头形、寿桃形、琵琶形等。这些餐具的周围和盖面等处，都有甲骨文、钟鼎文、大篆、小篆等文字装饰，并绘有云龙凤鹤等图案和万寿无疆等吉祥文字，有些还在显眼处镶嵌点缀上翡翠、玛瑙、珍珠、玉石等珍宝，如金托玉爵。

此外，宫廷御膳还具有讲究时令，多糕点面食、干鲜果品，多烧、烤、焖、煮技法烹制的菜肴，以及菜肴原料、配方、调料固定不变的特点。不论何时何地，皇帝吃的一切菜点不许改变味道，这是宫中的惯例。

五　离宫膳事

所谓离宫，即承德避暑山庄。清代前期，承德避暑山庄初步建成之后，成为清代的第二个政治中心。清朝十代，有七位皇帝曾到过避暑山庄避暑或处理政务。除康熙、乾隆、嘉庆、咸丰外，雍正、道光、同治是继位之前随皇父驻跸过热河行宫的。据初步统计，康熙北巡热河 51 次，乾隆 52 次，嘉庆 20 次，咸丰 1 次。其中嘉庆帝和咸丰帝是驾崩于热河行宫的。总计，清帝北巡热河 124 次。

每次北巡，一般是五月从北京起程，九月下旬回銮，约有半年左右的时间在热河度过。他们每次来承德，都带领大批军队围猎比武。如在木兰围场举行“木兰秋狝”或“秋狝大典”，同时指令蒙古王公贵族轮班陪同打猎。清代前期许多重要的民族和外交活动，乾隆皇帝于 1754 年 5 月在避暑山庄万树园举行隆重的宴会，对厄鲁特蒙古四部之一的杜尔伯特部首领进行热情招待【图 3–14】，就是在这里进行的。

正因为如此，清代皇帝在避暑山庄进行的政务和饮宴活动是带有一定政治目的的，是清代政治史和帝王生活史、宫廷史的一个很重要的组成部分。

从清代皇帝在“避暑山庄”所用的御膳来看，其原料大多采自当地。其菜肴以野味山珍、节令菜蔬为主；面食有饽饽、点心；所食粥类，除米、麦、粟面外，多佐以果豆。由于随行狩猎的人员多来自蒙古、新疆、青海、西藏等地，多系散居高寒地带以游牧为主的民族，就其食俗而言，对肉禽、面类的烹法，以烧烤为主，

图 3-14 清代王致诚
万树园赐宴图
北京故宫博物院藏

这对具有独特风格的离宫御膳的形成有很大的影响。

常在“避暑山庄”驻跸的清朝七个皇帝中，以康熙、乾隆历时最长，就膳食底档来看，又以乾隆年代的为最多。

不失时机地选用乡间应时蔬菜及时烹制，是离宫御膳一大特点。在避暑山庄周围的皇庄和集市上，常有应时菜蔬供应，既鲜嫩又丰满，营养丰富。每年农历六月至九月，离宫御膳中常以蔬果配菜，如韭菜炒肉、葱椒羊肉、小虾米炒菠菜、

拌黄瓜、熘鲜蘑、水烹绿豆芽、口蘑白菜、炒茄子、羊肉炖窝瓜、山药葱椒肘子、小炒萝卜、火熏白菜头、菠菜炖豆腐、松籽丸子炖白菜、榛子酱、榛椒酱等。主食中也常见酸辣疙瘩汤、萝卜素面、韭菜素包子、韭菜猪肉烙盒子、羊肉胡萝卜馅包子，猪肉茄子烫面饺等。

清代皇帝在膳食中常佐以滋补药膳和强身健体之菜肴，如山药鸭羹【图 3–15】、五香鸡藕烩、酒炖鸭子荔枝肉、烘鹿肉、鹿筋苔蘑拆肉、山药炖小面筋、松籽丸子、口蘑萝卜白菜、江米瓤藕。其中鹿肉、鹿尾是强肾壮体之药膳；山药是治疗脾虚泄泻、虚劳久咳、消竭遗精、带下尿频之良药；萝卜是止咳平喘，消积化滞之佳品；还有松籽、藕、荔枝、白菜等，均有其各自的医疗功能。乾隆喜欢吃，且每日必备的还有豆腐和

图 3–15 山药鸭羹

其他多种豆制品，其烹制方法不下百种。如羊肉炖豆腐、厢子豆腐、豆豉豆腐、豆皮烩软面筋、什锦豆腐、豆腐汤等，倘若一见膳桌上没有豆腐，乾隆便立即点要。因为他深知豆腐营养丰富，尤其对老人来说更是滋补健身之上品。

承德避暑山庄离宫御膳是清代宫廷御膳的一个重要组成部分，与紫禁城所用的御膳相比较，有明显的不同，即野味和杂粮较多，基本上反映了满族的传统食俗，并形成了一种独特风味，是清代宫廷御膳中的一块瑰宝。

第四章　载一抱素

信仰上的饮食习俗，是民间信仰和宗教仪式在中国人饮食生活中形成的惯制。饮食不仅促进了宗教信仰的发展，反过来，宗教的发展也为人们信仰食俗的形成产生过重大影响。随着佛教、道教和伊斯兰教宗教礼仪的逐步完善，饮食习俗上的禁忌和限制亦随之愈渐清晰。正是这诸多限制，最终孕育出了别具一格的宗教饮食礼俗。而随着这些宗教饮食礼俗的制度化和逐步推广，人们在接受并自觉遵守的同时，对本教的虔诚和信仰无形中又会有很大提高。

第一节　佛教饮食

在中华文化漫长的发展历程中，吸纳过多种来自于异国他邦的宗教。在它们当中，尤以源于南亚次大陆的佛教对于中华文化的影响最为深远。

佛教不仅包含着深刻的哲理思辨、人生理想、伦理道德、艺术形式，就连人们日常生活中的饮食,也深深地烙上了佛教信的印迹。事实上，在世界各民族的历史上，成熟宗教的出现，无不给予该民族的社会生活极为巨大的影响。

经过一千多年的发展，由佛教信仰而产生的食俗，已成为一种独特的文化现象，素菜、素席都闻名于世。这些素馔常以用料与烹制考究，做工精细，菜肴的色、香、味、形独特，别具风味，深受民众的喜爱和赞赏。因此，有人说佛教饮食已成为中国饮食文化园地中，一朵常开不凋的素洁小花。

一　佛教吃素的起源

谈到佛教寺院中的饮食生活，人们都会联想到素菜【图 4-1】。素菜是中国传统饮食文化中的一大流派，悠久的历史使它很早就成为中国菜的一个重要组成部分，特殊的用料、精湛的技艺，使这一流派绚丽多姿；清鲜的风味、丰富的营养，使它在中国菜系中独树一帜。

然而，素菜的起源本与佛教没有直接的关系。中国素菜的发展历史说明，早在东汉初年佛教传入中国之前，素菜就已出现，并得到了一定程度的发展。不过，随着佛教的传入，素菜开始在寺院中流行起来，并不断有所改进，促进了素菜制作日趋精湛和食素的普及。

早期佛教传入时，其戒律中并没有不食荤

图 4-1 武汉归元寺素菜

这一条。僧徒托钵化缘，沿门求食，遇肉吃肉，遇素吃素，只要吃的是“三净肉”，即不自己杀生，不叫他人杀生和未亲眼看见杀生的肉都可以吃。正如赵朴初先生在《佛教常识答问》中所说：“比丘（指受过具足戒之僧男）戒律中并没有不许吃肉的规定。”

到了魏晋南北朝时，佛教盛行，这时，中国汉族僧人主要是信奉大乘佛教，大乘佛教经典中有反对食肉、反对饮酒、反对吃五辛（葱、薤、韭、蒜、兴蕖）的条文。他们认为“酒为放逸之门”“肉是断大慈之种”，饮酒吃肉将带来种种罪过，背逆佛家“五戒”。这一时期译出的《楞枷》《楞严》《涅槃经·四相品》等经文，都提倡“不结恶果，先种善因”“戒杀放生”“素食清净”等思想，这与中国儒家的“仁”“孝”等思想颇为契合，因而深得统治者推崇。特别是南朝梁武帝萧衍，以帝王之尊，崇奉佛教，素食终生，为天下倡。所以，赵朴初先生说：“从历史来看，汉族佛教吃素的风习，是由梁武帝的提倡而普遍兴起的。”

图 4-2 梁武帝萧衍

据记载，梁普通二年（521），梁武帝萧衍【图 4-2】在宫中受戒，自太子以下跟着受戒的有 48000 余人。他还下了《断酒肉文》诏，认为断禁肉腥是佛家必须遵从的善良行为。为守杀生戒起见，他规定祭祀用的牲牢都改用面制，甚至禁止当时的丝织品上出现鸟兽纹样，以避免裁剪时“破了它们的身体”。在梁武帝的倡导下，南朝的僧徒和香客大增，这使寺院有必要制作出素餐系列，以便自给自足。从此，断酒禁肉，终身吃素，成为佛门子弟的严格戒律。

需要指出的是，在中国的蒙、藏地区，由于蔬菜种植不易，不吃肉就难以生活，所以这些地区的佛教徒一般都吃肉，这是属于特殊环境下的“开戒”。

二 佛寺素菜的特点

吃素经过梁武帝提倡以后，素菜在佛寺中得到了迅速的发展，其制作也日益精美。据《梁书》记载，当时建业寺中的一个僧厨，对素馔特别精通，掌握了“变一瓜为数十种，食一菜为数十味”的技艺。由于佛寺中不断出现这种技艺高超的僧厨，这就给佛寺素食的发展起到了推波助澜的作用。此后，佛寺素菜经过历代僧厨的不断改进和提高，不仅素菜品种增多，技艺逐步完善，而且还形成了佛寺素菜清香飘逸的独特风味，成为素菜中的一个主流。它的主要特点为：

（一）清鲜淡雅，擅烹蔬菽。佛寺素菜制作的主要原料有三菇六耳、瓜果鲜蔬、菌类花卉、豆类制品等。这些清幽、淡雅、素净的四季蔬果给人以新鲜、脆嫩、清爽的感觉；软糯的面筋豆皮之类，给人以爽口、软滑的感受；香味醇厚的蕈类，给人以鲜嫩馨香的回味。另加以芝麻香油、笋油、蕈油调味，无不独具风味。

在清代苏州附近山地的松林深处，清明节前后产“松花糖蕈”，经佛寺僧厨烹制后，清香甜嫩，入口即化，是苏州佛寺素菜中特有的珍品佳肴。由于苏州佛寺的素菜口味鲜美，声誉日隆。据《清稗类钞·高宗在寒山寺素餐》记载，乾隆皇帝也慕名而来，微服私访，特地到寒山寺去品尝僧厨所烹制的素菜，且食后大加赞赏。

常州天宁寺的素菜也是远近闻名，《清稗类钞·高宗谓蔬食可口》中说：“高宗南巡，至常州，尝幸天宁寺，进午膳。主僧以素肴进，食而甘之，乃笑语主僧曰：‘蔬食殊可口，胜鹿脯、熊掌万万’。”

（二）工艺考究，以素托荤。佛寺素菜使用的原料虽然比较平常，但工艺考究的制作，能使素菜丰富多彩。山珍海味中的参、翅、窝、肚、鲍、筋、掌、峰等，都可用素料来仿制，如发菜、藕粉制成的素海参软糯而形真；豆油皮制成的素鸡肥嫩而鲜美，食时“鸡丝”可见；玉兰笋制成的素鱼翅，翅筋玉白难辨真伪；冬瓜或白萝卜制成的燕窝莹洁逼真。

为了使佛寺素菜更充分地表现“肉类”的外形，一些僧厨还在烹饪工艺上不断推陈出新，如清代安徽安庆迎江寺僧厨，发明了一种捆扎法，即将豆腐皮或千张，用细麻布包裹捆扎，蒸热冷却后，使表面呈现毛孔状，用来仿制鸡鸭猪羊等荤菜。他们还创制了一些模具，用以仿制象形菜，如做蛋，就在淀粉熟浆中加入少许绿色素和碱，倒入两只小酒杯中，用胡萝卜或栗子粉做蛋黄，将两杯合起即成。做烧大肠则以竹棍为心，用面筋浆子裹绕，油炸后，用八角、酱油卤煮，抽出竹棍即成。如加放糯米、冬菇、玉兰片，还可做出素腐乳糟大肠，更具大肠的味道。

这些以素托荤的象形菜，极大地丰富了佛寺素菜的内容，拓宽了素菜制作的新领域，使素菜不仅清香飘拂，而且千姿百态。可见佛寺素菜的制作工艺和僧厨技艺已达到了炉火纯青的境地。

（三）历史悠久，影响至今。佛寺素菜经历了一个由单一到多样，由纯素到仿荤，由寺内到寺外的发展过程。许多名菜，至今仍在烹坛上占有重要位置，为人们所喜食，如桂花鲜栗羹、罗汉斋、鼎湖上素、半月沉江、糟烩鞭笋、桑莲献瑞、糖醋素鲤、笋炒鳝丝、金钱素里脊、清炒素虾仁、三鲜素海参、松子肥鹅、口蘑鱼元汤等。以下对几款著名素菜的制法略作介绍：

桂花鲜栗羹　此羹以鲜栗子肉为主料，配以干藕粉、桂花等煮烧而成。特点是羹汁浓稠，栗肉脆嫩，桂花芳香，清甜适口。此羹创始自杭州灵隐寺的僧厨，相传唐玄宗时，灵隐寺的香火僧德明正在烧栗子粥，这时正值中秋，桂花飘落粥中，众僧食之，都说味道好，后来又加入西湖藕粉作羹，流传至今，名闻遐迩。

罗汉斋 罗汉斋取名自十八罗汉聚集一堂之义，以十八种鲜香原料精心烹制而成。最早源于南宋朱彧《萍州可谈》卷二："商人重番僧，云度海危难祷之，则见于空中，无不获济，至广州饭僧设供，谓之罗汉斋。后来因佛事活动日益隆重，如法师讲经、沙弥受戒、居士拜佛等，常由法师、沙弥、居士出钱设斋供众，罗汉斋的制作也逐渐丰盛讲究，并根据出钱多少，分为千僧斋、上堂斋、吉祥斋或如意斋。此菜流传至市肆素餐馆后，又得到进一步改进和提高，并有上斋、中斋、下斋之分，主要是根据所用原料和汤料的质量高低划分的。由于各地物产不同，原料选择不尽一致，但所用原料一般不少于十余种。制作方法也同中有异，但均具有咸鲜、清香、淡雅的特色。

鼎湖上素 又称鼎湖罗汉斋。上素是高级菜之意，是广东肇庆鼎湖山庆云寺一位老和尚创于明朝永历年间，以银耳为制作主料，用三菇、六耳等原料经蒸、焯、炒、煨而成。相传位于广州西门惠爱路的西园酒家，过去敬奉佛寺名菜罗汉斋。一次，肇庆鼎湖山庆云寺庆云大师来广州六榕寺，到西园酒家吃罗汉斋，这里的罗汉斋虽也由竹笋、发菜、冬菇、草菇、蘑菇、榆耳、桂花耳、银耳、黄耳、湘莲子、佛手果、炸面筋、银针、菜心等主料烹制而成，但质、味欠佳，庆云大师遂提出了与上述用料相似，但烹制有所变更的方法。试制后为西园厨师所采纳，定名为鼎湖上素【图 4–3】。其特点是色彩典雅，层次分明，鲜嫩滑爽，清香适口。

半月沉江　此菜源于福建厦门南普陀寺，原名为当归面筋汤，已有 60 余年的历史。它以水面筋为主料，配以香菇、冬笋等煮、蒸而成。1962 年郭沫若到厦门视察工作，当归面筋一上桌，郭老看到因该菜有半片香菇沉于碗底，犹如半月，色泽分明，题名“半月沉江”，并在该寺

图 4–3 鼎湖上素

品尝了此菜后题诗云："我自舟山来，普陀又普陀。天然林壑好，深憾题名多。半月沉江底，千峰入眼窝。"点出了该寺的"半月沉江"的菜名，使此菜更加闻名中外。此菜的特点是汤清味鲜，清脆芳香。

桑莲献瑞　此菜源于福建泉州开元寺，相传该寺内有古桑一棵，唐初建寺时曾开过莲花，故名桑莲。该寺香积厨以莲子、豆腐为主料，配以香菇、荸荠、冬笋等，经炒、蒸、炸而成，烹制出的菜肴俨如出水莲花，其特点是豆腐细润，馅料香脆，尤以莲子更香，余味无穷。

糖醋素鲤　此菜源于四川成都宝光寺，早在20世纪初就享有盛名。一些富商巨贾不惜花数倍于荤菜的价钱，专程到宝光寺品尝此菜。这道菜是以土豆为主料，配以牛尾笋、玉兰片、豆腐皮等，经酿、炸而成。其特点是"鱼"形逼真，体内结构完整，"鱼皮"酥脆，"鱼肉"香嫩，"鱼骨""鱼鳍"又不会刺破喉咙，酸甜适口，堪称素菜荤做、素质荤形的工艺名菜。

糟烩鞭笋　此菜源于宋代杭州孤山广元寺，距今已有千年历史。相传苏东坡出任杭州刺史时，将他的《食笋经》传授给寺内的僧人，僧人据此改进而成，经历代相传至今，现为浙江著名的素菜。此菜以嫩鞭笋肉为主料，配以香糟，再煸、烩而成。其特点是糟香浓郁，笋肉鲜嫩。

佛寺素菜品种繁多，难以尽述其详，以上简介数种，由此可知其特定的饮食文化内涵和命名之雅致。

三 佛寺僧人的饮食习俗

在佛教戒律中，和素食一起奉行的还有一种“过午不食”的规定，即午后不吃食物。只有病号可以过午以后加一餐，称为“药食”。但中国汉族僧人从古时起就有耕种的习惯，由于劳动，消耗体力较大，晚上不吃不行，所以在多数寺庙中开了过午不食的戒，不过名称仍为“药食”。

佛寺僧人用膳一般都在斋堂进行，吃饭时以击磬或击钟来召集僧徒。钟声响后，从方丈到小沙弥，齐集斋堂用膳。佛寺饮食为分食制，吃同样的饭菜，每人一份。只有病号或特别事务者可以另开小灶。每天早斋和午斋前，都要依照《二时临斋仪》的规定念供，以所食供养诸佛菩萨，为施主回报，为众生发愿，然后方可进食。唐人顾少连《少林寺厨库记》生动地记述了少林寺的斋食情形，其中说：“每至花钟大鸣，旭日三舍，缁徒总集，就食于堂。莫不咏叹表诚，肃容膜拜，先推尊像，次及有情。洎蒲牢之吼余，海潮之音毕，五盐七菜，重秬香杭，来自中厨，列于广榭，咸造物艺。”

佛寺僧人一般早餐食粥，时间是晨光初露，以能看见掌中之纹时为准。午餐大多食饭，时间为正午之前。晚餐即“药食”，大多为粥。本来“药食”要取回自己房内吃，但由于大家都吃，所以也在斋堂就餐。

佛寺中负责管理斋饭的职务为典座饭头、菜头。斋堂中供护侍菩萨像，传为“洪山大至”，元代以后多供奉“紧那罗王”像。

一年之中，纪念释迦牟尼和菩萨的佛教节日名目繁多，饮食活动也多种多样，其中，对后世影响最大者莫过于腊八节吃腊八粥【图4-4】了。

中国古代天子每年农历二十月要用干物进行腊祭，敬献神灵。腊祭包括祭祀和祷祝。祭祀是祀八谷星神，用干物敬献，表示庆丰收之意。

图 4-4 腊八粥

干物称腊，八是八谷星神，故称腊八。汉代以来行祭的日子就逐渐固定在腊月初八这一天了。另外，根据佛教的传说，佛祖释迦牟尼出家修道，苦行六年，每日仅食一麻一米，后因饥饿劳累昏倒在地。他喝了一位牧女给他用泉水熬成的乳糜状的粥后，恢复了元气，终于在腊月初八这天夜里，悟道成佛。后来，佛教僧侣们为了不忘佛祖成道以前所受的苦难，便仿效牧女的做法，熬粥供佛。所以腊八粥就流行起来了，腊八也成了佛教的节日，称为“佛成道日”。

吃腊八粥之俗，始于宋代，至今已有一千多年了。宋人孟元老的《东京梦华录》记载十二月“初八日，街巷中有僧尼三五人作队念佛，以银、铜、沙罗或好盆器，坐一金铜或木佛像，浸以香水，杨枝洒俗，排门教化。诸大寺做浴佛会，并送七宝五味粥与门徒，谓之‘腊八粥’。都人是日，各家亦以果子杂料煮粥而食也”。这“七宝五味粥”的说法大概是取法于佛教中的“七菩提分”和“五善”“五菩提”之类，实际是以枣、杏仁、核桃仁、莲子、花生和米豆等物煮成稀粥而成。

开始，吃腊八粥之俗仅流传于佛教徒中，各地佛寺在腊八这天熬粥除了自己食用外，还以此馈送四方善男信女，所以腊八粥又称为“佛粥”“福寿粥”。后来，此俗流传渐广，民间争相效法，特别是到清代，吃腊八粥之风更盛。在宫廷中，每逢腊八，皇帝都要向文武百官、侍从宫女赐腊八粥，并向各大寺院发米、果，以供僧侣食用。在民间，更是家家户户熬煮食用，以致腊八粥的花样也越来越多了。

综上所述，可以看到，佛教寺院中的饮食生活，在推进中国传统饮食文化方面有着卓越的贡献。

第二节　道教饮食

佛教是外来的，而道教却是中国土生土长的。史学界和道教界一般都认为道教形成于东汉顺帝 (126—144) 时期，至今已有一千八百多年的历史。但若追溯到战国时齐燕沿海一带宣扬神仙方术，《史记·封禅书》所谓“形解销化，依于鬼神之事”的方仙道与西汉时托黄帝而言神仙之术、托老子而言修道养寿的黄老道，则这种以神仙信仰为特征的宗教在中国流传已有两千多年的历史了。

一　道教的饮食原则

道教在长期的饮食实践中，不仅善于吸收古代饮食文化的成就，同时也注意自身的融汇创新，形成了开放又有特色的饮食原则：

（一）饮食原材料丰富

人类的饮食文明，大致上经历生食、熟食、

烹饪三个发展阶段。自 50 多万年前北京人开始会用火，此后食物的种类就不断扩充。道教产生于东汉顺帝年间，这时期我国人民的日常饮食的原料和调料已经相当丰富，早期道教兴起于民间，道教徒的饮食与普通群众大致一样。据记载，南朝高道陶弘景【图 4–5】的《神农本草经集注》中所选食物和食疗药物就有 195 种，包括禽兽、果菜、米食等类。到了唐代，道医孙思邈在《急救

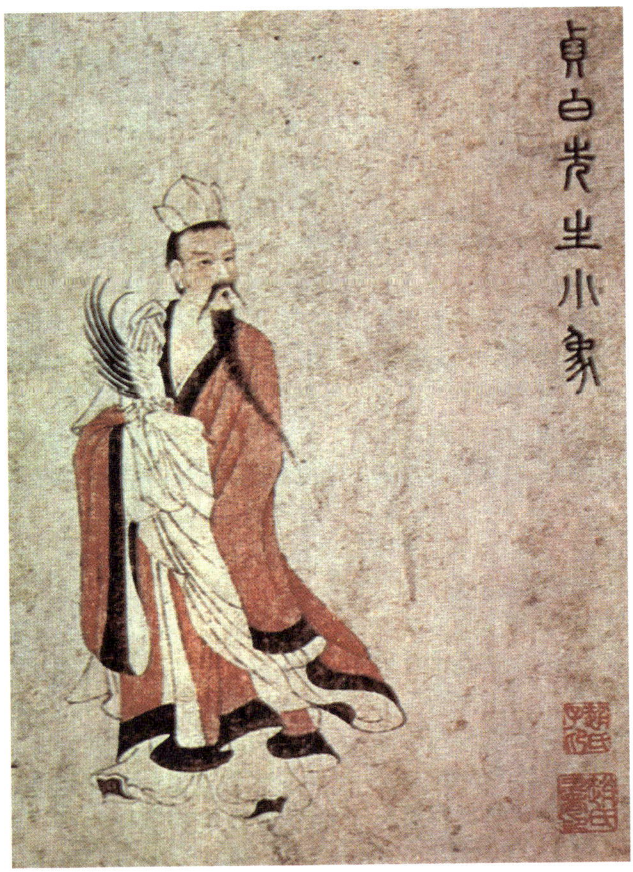

图 4–5 陶弘景

千金要方》专设“食治”一篇，其中仅药用食物就收载164种，分为果实、菜蔬、谷米、鸟兽四大门类。元世祖至元末年(1294年)成书的道经《三元延寿参赞书》卷三《食物》分果实、米谷、菜蔬、飞禽、走兽、鱼类六类，各类下面分别介绍几十种食物的性能、宜忌，分门别类，条分缕析，颇方便人们取舍。当然以上各书所载食物并非道教徒日常所用的全部，哪个道教徒也不会用到经书中所选的全部食物，它只是从一个侧面反映了道教饮食原材料的丰富性。在充实食物原材料的同时，道教徒也注意避忌有损身体健康的食物。如北宋茅山道士刘词在《混俗颐生录》卷上指出：“凡人常忌鸡猪自死，牛肉陈臭难消，咸酸粘滑冷腻，生葱，大、小蒜，生香菜，不时之物，瓜果、粉粥、冷淘等物，非养生摄理之道。凡服药饵之时，尤忌三般受气不足之肉，肉者，鸡、猪、无鳞鱼；又忌三般受飞不足之菜，菜者，着达、莴苣、波覆(菠菜)，闭血触故也。”又如《三元延寿参赞书》卷三《饮食》引经书云“酒浆照人无影，不可饮”；“阴池流泉，六月行路勿饮之，发虐”“食第屋漏水堕脯肉，成症瘕，生恶疮”“人汗人肉，食之作丁疮”“食诸兽自死肉，生丁疮”。另外，金代北方王重阳创立的全真道提倡出家的道士素食，食忌更严。不过全真道亦有在家修行的居士，而且明清过后，随着道教的世俗化，其这方面的戒律相对松弛些。总之，道门的这些饮食禁忌是长期生活经验的总结，有其合理的部分，由于时代的局限性，也有今天看来不尽科学的内容。

（二）烹饪技术多样。

道教饮食烹饪方法呈现出多姿多彩的特点。总的说来，道门烹饪基本方法大致有：煮、烧、炒、炸、烤、煎、炖、焖、煨、熬、蒸、煲、凉拌，等等。这些方法，我们中国人大多耳熟能详。而由这些制作方法产生的食物成品大概有：汤、羹【图 4-6】、粥、糊、饼、糕、锅贴、冻、包子、汤丸，等等。

道教是我国固有的宗教，它的方方面面都体现着中国的风采，在烹饪技术上也不例外。道

图 4-6 武当山斋食

门烹饪技术中的火候功夫，是道士的看家本领之一。火，是燃料燃烧释放的热能，它是使食物原料发生由生到熟转变的关键因素；候，体现了对火的把握。由于火的变化微纤精妙，所以不同的火候可以形成不同的技法，制作出不同质地和风味的菜品。鼎中之变，得失成败往往就在刹那之间，火候至要，却难于驾驭。难于驾驭，不等于无法驾驭，炼丹道士在千锤百炼中，掌握了高深的“进阳火，退阴符”的技术。道士在制药过程中获得的对火力的敏锐的感觉，也给制作中国食物时的火候（火力）的灵活运用和烹调技术的多样化发展带来巨大的影响。

（三）饮食宜忌

食物的选择、搭配方面的宜忌，这方面的问题在道教经典《太清道林摄生论·黄帝杂忌法第三》《养性延命录·食诫篇第二》《孙真人摄养论》《四气摄生图》《保生要录·论饮食门》《修真秘录》《混俗颐生录》《三元延寿参赞书·饮食》《备急千金要方·食治》中有比较多的叙述。

道教主张人体应保持清新洁净，认为人禀天地之气而生，气存人存，而谷物、荤腥等都会破坏“气”的清新洁净。所以，陶弘景《养性延命录》云：“少食荤腥。”

道教把食物分为三六九等，认为最能败清净之气的是荤腥及“五辛”，所以尤忌食肉鱼荤腥与葱蒜韭等辛辣刺激的食物，主张“不可多食生菜鲜肥之物，令人气强，难以禁闭”。此外，《胎息秘要歌诀·饮食杂忌》亦云：“禽兽爪头支，此等血肉食，皆能致命危，荤茹既败气，饥饱也如斯，生硬冷须慎，酸咸辛不宜。”

那么，什么样的食物最理想呢？这就是《抱朴子·内篇·对俗》说的：“餐朝霞之沆瀣，吸玄黄之醇精，饮则玉醴金浆，食则翠芝朱英。”道教认为只有这种饮食，才能延年益寿。

（四）辟谷

道教主张少食，进而达到辟谷的境地。所谓辟谷，亦称断谷、绝谷、休粮、却粒等。谷在这里被道人认为是谷物蔬菜之类食物的简称，辟谷即不进食物。

辟谷之术，由来已久。据说辟谷术源于赤松子，赤松子是神农时的雨师，传说中的仙人。《史记·留侯世家》记载汉初名臣张良“欲从赤松子游，乃学辟谷，导引轻身”。后经吕后劝阻，张良不得已，才进食。

长沙马王堆汉墓发现的《却谷食气》是我国现存最早的辟谷文献。

汉代行辟谷之术的道人较多，据传有着较好的效果。《淮南子·人间训》云：“单豹倍世离俗，岩居而谷饮，不衣丝麻，不食五谷，行年七十，犹有童子之颜色。”也有人以食枣来辟谷，《后汉书·方术传》载："郝孟节能含枣核、不食，可至五年十年。"

枣子是一种温补的食物同时也是药物，专门吃枣子是可以维持生命的。还有人以食药来辟谷，曹丕《典论》记载汉末郄俭"能辟谷，饵茯苓"。郄俭到处传授其术，以致"伏苓价暴贵数倍"。曹植在《辩道论》中云："余尝试郄俭，绝谷百日，躬与之寝处，行步起居自若也。"

晋代盛行辟谷，其方法也多种多样，正如葛洪《抱朴子·内篇·杂应》云："近有一百许法，或服守中石药数十丸，便辟四五十日不饥，练松柏及术，亦可以守中，但不及大药，久不过十年以还。或辟一百二百日，或须日日服之，乃不饥者。或先作美食极饱，乃服药以养所食之物，令不消化，可辟三年。欲还食谷，当以葵子猪膏下之，则所作美食皆下，不坏如故也。……余数见断谷人三年二年者多，皆身轻色好，堪风寒暑湿，大都无肥者耳。"

南朝梁名医陶弘景也很热衷辟谷。《梁书·陶弘景传》中说陶弘景"善辟谷导引之事，年逾八十而有壮容"。陶弘景在其《养性延命录》中收有《断谷秘方》一卷。

道教为什么要回避谷物呢？这是因为道教认为，人体中有三虫，亦名三尸。《中山玉柜服神气经·录神诚戒序第一》中认为，三尸常居人脾，是欲望产生的根源，是毒害人体的邪魔。三尸在人体中是靠谷气生存的，如果人不食五谷，断其谷气，那么，三尸在人体中就不能生存了，人体也就消灭了邪魔，所以，要益寿长生，便必须辟谷。

辟谷者虽不食五谷，却也不是完全食气，而是以其他食物代替了谷物，这些食物主要有大枣、茯苓、巨胜（芝麻）、蜂蜜、石芝、木芝、草芝、肉芝、菌芝等，即服饵。要使身体健康，就得注重营养，这样，就不能使饮食单调，只吃某一类食物。

道教的信仰食俗，既有一定的科学内容，如主张节食、淡味、素食，反对暴食、厚味、荤食等，也有许多迷信和无知的糟粕。这些精华与糟粕在道教追求长生的目的下得到了统一，并对后世产生了较大的影响。

二　道教斋饭与宴席

历代高道羽士性命兼修，功道并重，以道教哲理融于日常饮食起居，追求炼精化气、炼气化神、炼神还虚、增智开慧，因此，他们对道教斋饭的制作十分讲究。武当道教斋饭【图 4–7】与道教文化有很深的渊源，是武当山道士日常饮食和香客信士朝山进香的主要食物。

武当道教斋饭戒荤腥，忌食兔、蛇、黄鳝、牛、犬、猪肉及生葱、蒜等刺激食物，而以自然食物

图 4-7 武当山道家斋饭

为主。其原料来源主要是山生山长的植物和果实（山内采摘和道士种植），诸如盐干笋、盐干鹰咀笋、鹿尾笋、九仙子、冻豆腐、核桃、板栗、猕猴桃、木耳、香菇、黄精等，不施任何现代肥料，依靠山上腐败的枝叶和其他自然肥料给足植物生长所需营养，油料一律选用植物（主要来源于河南、湖北、陕西等地香客贡送的芝麻油、豆油等）。

武当道教斋饭形成特点主要是素菜荤做，皆以素菜为原料，如面筋、豆干、蕨菜等各类野菜等做成鱼、兔、牛肉、猪肉等荤菜造型并冠以荤菜之名，故曰素菜荤做，有望梅止渴之趣。

如今对外开放的道教斋饭筵席分为两种形式：一是宴席，其特点是形式典雅、气氛隆重、整体菜肴由冷盘、热炒菜、大菜、点心、甜菜（包括甜汤）和水果组成。点桌使用圆桌，意味着无尊卑贵贱之分。一般每桌 10 人；二是流水席，根据宾客喜好，随意选择几个精致的、富有道教文化特色的菜点，食用不受时间、地点限制。冷拼有孔雀开屏，凉菜有香卤素牛肉、甜蜜圣果、翡翠瓜条、风味素肠，热菜有菜胆素鲍汤、如意蔬菜卷、乌龙戏珠、太极豆腐盒、香煎素对虾、道家素合炒、线烧素昌鱼、仙山四宝素、玄门扣肉、溜素三鲜、糖醋素猪排、蜜汁八宝银耳羹，点心有宫廷面窝、香煎玉米饼、山芋糕、道家烙饼等。

江西龙虎山天师八卦宴是南宋理学家朱熹创制的用来待客的一种礼仪。八卦宴以朱熹平时的饮食为基础，菜肴中有拼盘、羹、汤、丸等形式，制作上有煎、炸、清炖等烹饪方法。八卦宴最大的特色是各种菜肴的排列，无不按照朱熹所推崇的八卦图来进行。排列方法是：先在八仙桌上画上八卦图，正中为太极、其八方分别为乾、坤、震、巽、艮、坎、离、兑八种卦覆、各陈列一道有关卦理意义的佳肴，整个宴席犹如一幅八卦图，可谓匠心独具。在菜肴名上，更是寓意悠远。太极之首为翡翠羹；易生两仪，分别置上玄天混丸和太乙阴阳蛋；两仪生四象，分别为百发圆子、莲塘君子，桂花虾仁，油焖双冬。这四道菜还暗寓了春夏秋冬四季之象。按八卦方位，每个方位上的菜肴又分别为素炒鳝鱼丝，香油凤腿、酒酿冬菇，宫保鸡丁、竹笋肉丝、溜鸡肝卷、白炒木耳、八宝吉祥。

天师八卦宴集道家菜精华于一体，尝后令人回味无穷。天师八卦宴是历代天师宴请宾客，举行重大活动时排摆的宴席。程序有简有繁，简单的一般一荤三素，为天师平日用餐之食，如今只要花上几十元钱就可以在上清千年古街品尝到。复杂的八卦宴也叫“大餐”，做起来颇为讲究，而且充满道家的玄机。设宴时，取老式八仙桌，按八卦图中“乾、坤、震、巽、坎、离、艮、兑”的八个方位，按宾客的身份、贵贱、辈份、属相依次入座，宴席中央的八卦——八宝饭，更是道教饮食文化中最有特色的标志，甚至连周围的餐具，也恰好拼成八卦图形。

道教在中国发展的几千年来，形成了自己特有的饮食文化。道家饮食养生文化内涵极其高雅，其表现形式却又十分通俗。其中一部分已演化为民间食俗，成为劳动群众饮食生活的组成部分。道教饮食是道教文化的深刻反映，是道教思想和信仰体系的生动体现，加强对道教饮食养生文化的研究，可以帮助我们全方位、多层次地理解中国传统文化，也可以为今天的饮食养生文化提供借鉴。

第三节　清真饮食

伊斯兰教在中国又称清真教、回教等。公元七世纪，由阿拉伯人穆罕默德创立，盛行于中东地区。七世纪中传入中国，在回族、维吾尔族、哈萨克族、乌孜别克族等十多个民族中流传。他们认为："真主原有独尊，谓之清真。"这样，清真教就成了伊斯兰教在中国的译称，因而人们习惯将教徒们制作出来的、具有回教风味的菜也称之为清真菜。

一　清真菜的饮食禁忌

清真菜的主要特点是饮食禁忌较多。伊斯兰教认为，猪、狗、驴、骡为"不洁之物"，不得食用，尤其禁食猪肉，并不能言及和接近之。伊斯兰教还禁食自死的动物及动物血液，以及未诵安拉之名而宰杀的动物。此外，无鳞鱼和凶狠食肉、性情暴躁的动物也不能吃。

据《天方典礼择要解》中说，回族禁食的有“暴目者、锯牙者、环喙者、钩爪者、吃生肉者、杀生鸟者、同类相食者、贪者、吝者、性贼者、污浊者、秽食者、乱群者、异形者、妖者、似人者、善变化者”，等。伊斯兰教还规定，即使是可食的畜禽，也必须经过阿訇或者懂得宰杀规矩的人宰杀，宰杀时，还要口诵安拉之名，方能食用。同西亚、北非阿拉伯伊斯兰教国家的菜肴相比，中国清真菜的风味迥异，但在饮食禁忌上则是完全相同的。

伊斯兰教在饮食方面还有一些附加规定。首先是可食之物在食用时也不能过分和没有节制。《古兰经》中说：“你们应当吃，应当喝，但不要过分，真主确是不喜欢过分者的。”另外，禁食之物在迫不得已的情况下食之无过。《古兰经》又说：“他只禁戒你们吃自死物、血液、猪肉，以及诵非真主之名而宰的动物；凡为势所迫，非出自愿，且不过分的人（虽吃禁物），毫无罪过。”

此外，伊斯兰教还认为饮酒是一种“秽行”，“饮酒是恶魔行为”，饮酒使人乱性，故应远离，因此，教民都不得饮酒。

二　清真菜的风味特色

清真菜选料严谨，工艺精细，食品洁净，菜式多样，其用料主要取材于牛、羊两大类，特别是烹制羊肉菜肴极为擅长。早在清代乾隆年间就已经有清真全羊席。全羊席即以羊肉、羊头、羊尾、羊蹄、羊舌、羊脑、羊眼、羊耳、羊脊髓和羊内脏为原料，可以做出品味各异的菜肴一百余种，体现了厨师高超的烹饪技艺，是清真菜中的最高代表。全羊席在清代同治、光绪年间极为盛行。《清稗类钞·饮食类》中说："清江庖人善治羊，如设盛筵，可以羊之全体为之。蒸之、烹之、炮之、炒之、爆之、灼之、熏之、炸之。汤也、羹也、膏也、甜也、咸也、辣也、椒盐也。所盛之器，或以碗，或以盘，或以碟，无往而不见为羊也。多至七八十品，品各异味，号称一百有八品者，张大之辞也。中有纯以鸡鸭为之者。即非回教中人，亦优为之，谓之曰全羊席。同、光间有之。"

后来，由于烹制全羊席过于费工，遂逐渐演化为全羊大菜【图 4-8】。全羊大菜包括八道菜：独脊髓（羊脊髓）、炸蹦肚仁（羊肚仁）、单爆腰

图 4-8 全羊大菜

（羊腰子）、烹千里风（羊耳朵）、炸羊脑（羊脑子）、白扒蹄须（羊蹄）、红扒羊舌（羊舌）、独羊眼（羊眼）。全羊大菜规模虽然小些，但基本包含全羊席的精华，都是清真菜中的名菜。

清真菜的口味偏重咸鲜，汁浓味厚，肥而不腻，嫩而不膻。但由于各地的物产和饮食习俗不同，清真菜在中国又可分为三个地域流派。其一是西北地区的清真菜，他们善于运用当地的特产，如牛羊肉、牛羊奶及哈密瓜、葡萄干等原料制作菜肴，保留了较多的阿拉伯人饮食特色，风格古朴；其二是京、津、华北地区的清真菜，取料广博，除牛羊肉外，海味、河鲜、禽蛋、果蔬具备，讲究火候，精于刀工，色香味形并重；其三是西南地区的清真菜，善于使用家禽和菌类植物，菜肴清鲜，注重保持原汁原味。

三　节日饮食习俗

信仰伊斯兰教的民族，一年中有两个隆重的节日。

第一是开斋节，又称“肉孜节”，时间为伊斯兰教历十月一日。在这之前的一个月内，穆斯林们实行斋戒，称为“把斋”。在“斋月”期间，每天日出前吃好封斋饭，之后从日出到日落，严格禁食任何东西。老弱病幼者可不守斋，但也要尽量节制饮食。期满 29 天，看见月牙出现时即行开斋，次日为开斋节。如不见新月，则继续斋戒一天，开斋节顺延。开斋节这一天，穆斯林头戴小白帽，身穿节日服装来到清真寺会礼，互致节日问候，各家都要炸“油香”“油馃”“馓子”等，互相赠送。开斋节，又谓之小年，一般要欢庆三日。

第二个节日是古尔邦节，又称“献牲节”，意为宰牲、献祭之意。时间是伊斯兰教历十二月十日，即朝觐期的最后一天。此节犹如汉人之春节。节前要把家中打扫干净，过节这一天不吃早点，要赶在太阳未升之前去清真寺听阿訇念《古兰经》，互致节日问候。然后再回家宰羊煮肉，欢庆节日。

伊斯兰教的节日宴会也很有特色，大体可分为燕菜席、鱼翅席、鸭果席、便果席和便席五类。这些宴席具有繁简兼收，雅俗共赏，高中低档咸备，色香味形并美的特点。据胡朴安《中华全国风俗志》载：“回回宴会，总以多杀牲畜为敬，驼、牛、马均为上品，羊或数百只。各色瓜果、冰糖、塔儿糖、油香，以及烧煮各肉、大饼、小点、馎饦、蒸饭之属，贮以锡铜木盘，纷纭前列，听便取食。乐器杂奏，歌舞喧哗，群回拍手，以应其节，总以极醉为度，有通宵达旦，醉而醒，醒而复醉者，所陈食品或散给于人，或宴罢携之而去，则主人大喜，以为尽欢。”充分显示了伊斯兰教饮食的丰富多彩和穆斯林豁达的性格。

第四节　兼收并蓄

在漫长的岁月中，各民族之间的饮食文化交流与融合，展现出一幅丰富多彩的图景，奠定了中华民族传统饮食生活模式，并对后世产生了深刻的影响。可以说，中华民族之所以有今天的物质文明，之所以有今天如此丰富的食物品种，各民族间饮食文化的交流与融合在其中发挥了重要作用。

一　饮食习俗的民族性

一个民族饮食生活习惯的形成，有其社会根源和历史根源。在中国古代社会中，民族众多，由于各自的历史背景、地理环境、社会文化及饮食原料的不同，各民族的饮食习惯就有明显的差异。大体而言，在漫长的旧石器时代，中国古代许多民族的生活来源，主要依托渔猎和采集；到了新石器时代，农业开始发展，华夏族还兼营畜牧业，这一点许多考古发掘都已充分证实，这时华夏族已形成以农业为主、畜牧为辅的经济文化类型。然而，有些民族部落则沿着另一条路径，主要采取游牧或渔猎方式。北方和西方的少数民族（历史上将他们称之为胡族）大都如此，但他们还是需要农业作为补充，或逐步向农业过渡。考古学上大量新石器时代出土的遗存和民族学上的大量材料，均可说明这一问题。

《礼记·王制》中说："中国戎夷，五方之民，皆有其性也，不可推移。东方曰夷，被发文身，有不火食者矣。南方曰蛮，雕题交趾，有不火食者矣。西方曰戎，被发衣皮，有不粒食者矣。北方曰狄，衣羽毛，穴居，有不粒食者矣。中国、夷、蛮、戎、狄，皆有安居、和味、宜服、利用、备器。五方之民，言语不通，嗜欲不同。"从这段记载中可以清楚看出，生活在内地的华夏民族在饮食上有着区别于其他民族的特点，这些不同地区的饮食习俗都有鲜明的民族性和地区性，是一个民族的文化和共同心理素质的具体表现。同时，这段记载还反映了一个民族的饮食习俗是植根于该民族的自然环境和饮食原料之中的，受一定的经济状况制约。所以，每一民族饮食习俗的形成和发展，都是与该民族的社会经济和文化的发展程度息息相关。

秦朝统一以后，中国逐渐成为一个统一的

民族共融的国家，由于同处于开放的多民族国家之中，这就为各民族饮食文化交流与融合提供了便利。特别是汉代张骞出使西域以后，促进了内地与西域之间的饮食文化交流。西域的特产先后传入内地，大大丰富了内地民族的饮食生活。另一方面，内地民族精美的肴馔和烹饪技艺，又为这些地区的人民所引进和喜食，各民族在相互交流的过程中，都在择善而从，不断完善自己，共同创造出中华民族的饮食文化。

二　烹饪方法的交流

农业生产的效益高于畜牧业，西部和西北部少数民族在和汉族杂居中逐渐习惯并接受农业这种生活方式，开始过着定居的农业生活。有学者估算，在唐代，一平方公里的耕地可养活的人数是同样面积的草场可养活人数的 10 倍，农业为人们提供谷食和家畜饲料。家畜饲料的需求在促进人们扩大谷物种植面积的同时，也就推动了农业的发展；畜牧业为人类提供了可靠的肉食来源，人类的体质得到增强，从而有充沛的精力去从事农业生产。

汉代以后，内地的畜牧业有了更快的发展，这得益于各民族的频繁交流。究其具体原因而言，其一是由于当时战争对畜牧的需求，其二是当时胡族统治者鼓励发展畜牧业的政策，其三是胡族的内迁和战争的掳掠也使中原地区的牛羊数量大为增加。西北游牧民族进入中原后，带来了大批牛羊，以及畜牧技术和食肉习惯，促进了北方农业区养羊业的发展，出现了一些优质羊种。这些变化也使得胡族和汉族传统的饮食结构发生了重要变化，“食肉饮酪”开始成为汉唐时期整个北方和西北地区胡汉各族的共同饮食特色。

今天我们日常吃的蔬菜，据有关文献介绍有 200 多种，每种之中，又各有许多不同品种，这比世界上任何国家的蔬菜品种都要多。在比较常见的百余种蔬菜中，汉地原产和从域外引入的大约各占一半，这是中华民族在长期种菜实践中不断交流【图 4–9】，改进向前发展的结果，也是留给后世的宝贵的生活遗产。汉唐时期，中原内地通过与西北少数民族交流，引入了一些蔬菜品种。这个时期引进的蔬菜有苜蓿、菠菜、芸薹、胡瓜、胡豆、胡蒜、胡荽等，水果有葡萄、扁桃、

图 4–9 张骞出使西域图

西瓜、安石榴等，调味品则有胡椒、砂糖等。

与此同时，西域的烹饪方法如羊盘肠雌解法等以及乳酪、胡饼、羌煮貊炙、胡烧肉、胡羹等西域民族饮食品种也相继传入中原地区。

从汉代传入的诸种胡族食品到魏晋南北朝时，已逐渐在黄河流域普及开来，受到广大汉族人民的青睐。这其中以“羌煮貊炙”的烹饪方法最为典型，羌和貊指代西北少数民族，煮和炙为烹饪方法。所谓羌煮即为煮或涮羊、鹿肉；貊炙类似于烤全羊，《释名》卷四“释饮食”中说：“貊炙，全体炙之，各自以刀割，出于胡貊之为也。”羌煮貊炙鲜嫩味美，传入中原便流行起来。正由于此，羌煮貊炙也就成为胡汉饮食文化交流的代名词。

从北魏贾思勰的《齐民要术》一书中，就可以充分看到汉魏以来胡汉饮食文化交流的成果。从该书的内容结构看，农业放在种植、畜牧之前，这表明农业的地位最为重要；其次，从卷六的标题次序看，牛在马、驴、骡、养、猪、鸡、鹅、鸭、鱼之前，也体现了农耕是汉魏以来各朝经济的重点，同时说明此时畜牧业已有了较大的发展；其三，《齐民要术》中介绍的许多以羊肉、鹿肉、乳酪为主料的食品，也多是胡汉饮食文化交流与融合的结果。

另一方面，汉族也不断向西域各少数民族

输出中原的饮食文化，诸如产于中原的蔬菜、水果、茶叶，但更多的是食品制作方法。1972年在新疆吐鲁番的唐墓中，就出土过一种梅花型带馅点心，十分精致，还出土有饺子，这些食品制作方法的传入对提高西域少数民族的饮食文明产生了积极的作用。

汉唐时期，也是中国传统饮食方式逐渐发生变化的时期。东汉以后，胡床从西域传入中原地区，此后，胡床作为一种坐具，在中原普遍使用。胡床的使用与中国传统床完全不同，它是臀部坐在胡床上，两腿垂下，双脚踏地。由于坐胡床必须两脚垂地，这就改变了传统跪坐的姿势。从魏晋南北朝时期开始的家具新变化，到隋唐时期走向高潮。

三 交流与创新

一般而言，在长时期历史发展进程中所形成的饮食习俗，具有相对的稳定性，并构成了一种民族的文化特点。比起其他文化特点来，保持的时间要长久些。但是，任何事物都是处在不断发展变化之中的，变是绝对的，不变是相对的。饮食习俗也有缓慢、渐进的变化。一些饮食原料、烹饪方式因为不适合人们生活需要而逐渐被淘汰，而另一些新的饮食原料、烹饪方式的出现则逐渐被人们所接受，成为新的饮食文化。在这里，新的饮食原料和烹饪方式就成为一种新变量，而新变量的出现既与社会经济的发展相关，又与对外文化的交流相连，唐代的饮食文化就充分说明了这一点。

唐代外来饮食最多的是“胡食”，“胡食”出自汉代人的一种说法，指代当时自西域传入的食品。胡食在汉魏通过丝绸之路传入中国后，至唐最盛。唐代的胡食品种很多，面食有饽饦、饆饠、胡饼等。饽饦是用油煎的面饼，慧琳《一切经音义》中说：“此饼本是胡食，中国效之，微有改变，所以近代亦有此名。”饆饠一语源自波斯语，一般认为它是一种以面粉作皮，包有馅心，经蒸或烤制成的食品。唐代长安有许多经营饆饠的食店，有蟹黄饆饠、猪肝饆饠、羊肾饆饠等。胡饼即芝麻烧饼，中间着以肉馅。卖胡饼的店摊十分普遍，据《资治通鉴·玄宗纪》记载，安史之乱，唐玄宗西逃至咸阳集贤宫时，正值中午，“上犹未食，杨国忠自市胡饼以献”。

西域的名酒及其制作方法也在唐代传入中国。据《册府元龟》记载，唐初就已将高昌的马乳葡萄及其酿酒法引入长安，唐太宗亲自监制，酿出八种色泽的葡萄酒，“芳辛酷烈，味兼缇盎。既颁赐群臣，京师始识其味”，并由此产生了许多歌咏葡萄酒的唐诗。唐代还从西域引进了蔗糖及其制糖工艺，使得中国古代饮食又平添了几分甜蜜，其意义不亚于葡萄酒酿法的引进。

唐朝与域外饮食文化的交流，一时间激起了巨大波澜，在长安和洛阳等都市内，人们的物质生活都崇尚西域风气。饮食风味、服饰装束都以西域各国为美，崇外成为一股不小的潮流。当时长安，胡人开的酒店也多，并伴有花枝招展的胡姬相陪，李白等文人学士常出入这些酒店，唐诗中也有不少诗篇提到这些酒店和胡姬。酒家胡与胡姬已成为唐代饮食文化的一个重要特征。域外文化使者们带来的各地饮食文化，如一股股清流，汇进了中国这个海洋，正因为如此，唐代的饮食文化才能呈现出以往任何一个历史时期都没有过的多彩风格。

各民族长期杂相错居，在饮食生活中互相学习、互相吸收，并最终趋于融合，其最明显的意义便是形成了饮食文化丰富多彩的特点。同时，各民族的饮食文化交流与融合也不是简单地照搬过程，而是结合了本民族的饮食特点对这些饮食文化加以改造。汉族接受胡族饮食及烹饪方法时，往往渗进了汉族饮食文化的因素，如羊盘肠雌解法，用米、面配料作糁，以姜、桂、橘皮作香料，去掉膻腥，以适合汉人的口味。而汉人饮食在胡人那里也被改头换面，如北魏鲜卑等民族嗜食寒具、环饼等汉族食品，为适合本民族的饮食习惯而以牛奶、羊奶和面，粉饼也要加到酪浆里面才肯食用。由此可见，尽管各民族在饮食原料的使用上都在互相融合，但在制作方法上还是照顾到了本民族的饮食特点。这种吸收与改造极大地影响到唐代及其后世的饮食生活，使之在继承发展的基础上最终形成了包罗众多民族特点的中华饮食文化体系。可以说，没有汉唐时期的各饮食交流，中国后世的饮食文化将会苍白很多，各各族的饮食生活也将会单调得多。同时，汉唐时期胡汉民族饮食原料的交流与融合，对各民族经济文化的发展都起到了积极的促进作用。这说明一个民族或国家文化的发展与进步，离不开兼收并蓄的原则，离不开经济、文化交流的健康进行。没有交流的文化系统是没有生命力的。

第五章　岁时芬香

年复一年，周而复始的节庆饮食习俗是人类社会各个族群都普遍传承的一种文化现象。中国传统节庆饮食习俗的形成，是中国先民在长期社会生活中，适应生产和生活的要求，并通过对天候、物候和气候周期性转换的观察与把握而逐渐约定俗成的。这些节庆饮食习俗，异彩纷呈，撩人兴味，集中地反映了中国的民俗传统和文化特色，在一定程度上调协了人与人、人与社会、人与自然间的关系，成为历代人民日常生活中不可或缺的文化符号系统。

第一节　春节食俗

百节年为首，春节，是中国人民生活中的盛典。

春节的滥觞非常古老，早在远古时期，便传承着以立春日前后为时间坐标，以春耕为主题的农事节庆活动。这一系列的节庆活动不仅构成了后世元旦节庆的雏形框架，而且它的民俗功能和构成因子也一直遗存至今。

汉唐是由立春节庆向现代的春节大年节的过渡时期，它表现为两个演进过程，其一为节庆日期由以立春为中心，逐渐过渡到以正月初一为中心，如《荆楚岁时记》所云："正月一日，是三元之日也。"即岁之元、时之元、月之元，所以汉唐人将此称为元旦；其二为单一型态的立春农事节庆逐渐过渡到复合型态的新年节庆。由此在中国产生了一系列以除疫、延寿为目的的饮食习俗，其主要表现就是饮椒柏酒、屠苏酒、桃汤、吃五辛盘、胶牙饧等。

早在汉代，元旦便与饮椒柏酒的习俗结合在一起了。椒酒在先秦时曾是楚人享神的酒醴，到了汉代，“椒”又同寿神之一的北斗星神挂上了钩。据东汉崔寔《四民月令》说：“椒是玉衡星精，服之令人身轻能（耐）老，柏是仙药。”

隋人杜公瞻《荆楚岁时记》注中引魏晋文献说：“晋成公子安《椒华铭》则曰：‘肇惟岁首，月正元旦，厥味惟珍，蠲除百疾。’是知小岁则用之，汉朝元下则行之……董勋云‘俗有岁首酌椒酒而饮之，以椒性芬香，又堪为药，故此日采椒花以贡尊者饮之，亦一时之礼也’”。

可见，汉晋时人们已相信元旦饮用椒花柏叶浸泡的酒，能使人在新年里身体健康，百疾皆除，延年益寿。

当时人们饮椒柏酒还传承着从年辈最小的家族成员开始，最后才由年辈最高的家庭长辈饮酒的俗规。至于为什么要先从小孩饮起，董勋《答问礼俗说》曾做解释：“俗云小者得岁，先酒贺之；老者失岁，故后饮酒。”

魏晋南北朝时，人们在元旦除了饮椒柏酒外，还兴起了饮屠苏酒的习俗。《荆楚岁时记》中说元旦“长幼悉正衣冠，以次拜贺，进椒柏酒，饮桃汤；进屠苏酒、胶牙饧，下五辛盘；进敷淤散，服却鬼丸；各进一鸡子。”

屠苏是一种药剂，南朝梁人沈约《俗说》云：“屠苏及草庵之名。昔有人居草庵之中，每岁除夜，遗闾里一药贴，含囊进井中，至元日取水，置于酒樽，合家饮之，不病瘟疫。今人有得其方者，亦不知其人姓名，但名屠苏而已。”

显然，最早的屠苏酒是预防时疫的一种中药配剂，在元旦取浸过屠苏药剂的井水饮用，含有新水崇拜的意味。后来，晋人葛洪曾用细辛、干姜等炮制屠苏酒，逐步演化为用一些中药来炮制酒，以起治病防病的作用。

吃五辛盘【图 5-1】也是为了健身，魏晋时将大蒜、小蒜、韭菜、芸薹、胡荽称为五辛。在元旦时，人们将这五种辛香之物拼在一起吃，意在散发五脏之气。唐代著名医学家孙思邈在《食忌》中说：“正月之节，食五辛以辟疠气。”他在《养生诀》中亦云：“元旦取五辛食之，令人开五脏，去伏热。”按照现代科学观点，元旦之际，寒尽春来，正是易患感冒的时候。用五辛来疏通脏气，发散表汗，对于预防时疫流感，无疑具有一定的作用。吃五辛盘反映了中国先民把新年健康的追求，寄托在元旦这一天。

五辛盘是后世春盘、春饼的雏形，唐代时，人们对五辛盘做了改进，增加了一些时令蔬菜，汇为一盘，号为春盘，取其生发迎春之义，在元

图 5–1 五辛盘

旦至立春期间食之。如唐代《四时宝镜》中言："立春日春饼生菜，号春盘。"《关中记》说："唐人于立春日作春饼，以春蒿、黄韭、蓼芽包之。"随着时间的推移，春盘、春饼、春卷的名称相继更新，其制作也越来越精美了。

元旦食用的其他一些食物，也多寓吉祥之意，表达人们对新年美好生活的向往。如元旦吃

“胶牙饧”，这是一种饴糖，古汉语中“胶”与“固”相通，胶牙即固牙，俗传吃了这种糖之后可以使牙齿牢固，不脱落。

在中国流行的春节食俗中，最有代表性的节令食品要数年糕，“糕”谐音“高”，过年吃年糕，除了尝新之外，恐怕主要是为了讨个口彩，意取“年年高”。正如清末一首阐发年糕寓意的诗所说：“人心多好高，谐声制食品。意取年胜年，藉以祈岁稔。”新年吃年糕之俗，反映了人们对美好生活的向往和追求。

年糕是将糯米浸泡磨浆后，压干水分，蒸制而成的一种米制品。其特点是口感绵软，食法多样，便于存放。

“十里不同风，百里不同俗。”我国幅员辽阔，各地食年糕习俗不尽相同，年糕品种多种多样。北方年糕多以黄米年糕、黍米年糕为主，南方年糕以糯米年糕为主。南方年糕又分广式和苏式两大风味，广式多以糯米粉、片糖、生油、瓜子仁、竹叶等为原料，其色泽金红、口感软滑，内含竹子清香。苏式年糕最为讲究，有猪油年糕和红、白糖年糕等不同品种。红、白糖年糕，粉细糯甜，色泽白亮，蒸透揉韧，水煮不腻，油煎香甜，久藏不霉。猪油年糕有玫瑰、桂花、枣蓉、薄荷四种风味，其特点是色泽鲜艳美观，肥润香糯、食而不腻。除甜年糕外，有些地区还喜食咸年糕。

以南瓜丝、萝卜丝为料，加入糯米浆中，上屉蒸熟。咸年糕吃起来更是别有风味。在湖北、湖南、江西、江浙等地，每年到腊月，家家户户便开始制作年糕，年糕成为春节重要的食品和礼品。年糕多由糯米或黏小米制成，谐音年（黏）年（黏）高（糕），寓意“步步登高”，一年更比一年好。

拜年客人进门后，主妇们先给客人敬茶一杯。清代苏州诗人袁景澜在《年节酒词》中云：“入座先陈饷客茶，饤拌果饵枣攒花。”按上海旧时习俗，年初一的早上一起床，便要喝一杯“元宝茶”【图 5–2】，茶中除了要放一些上等的茶叶以外，还要放上两枚清香爽口、涩中带甜的青橄榄。此日的早点，大多是两只加有红糖的“水铺蛋”，以寓甜甜蜜蜜，团团圆圆。一些富裕人家，到了春节时还要用红漆果盘盛满各种富有吉祥寓

图 5–2 献“元宝茶”图
张匡正墓壁画

意的风味食品，如荸荠、蜜枣、桂圆、橘红糕、云片糕、油枣、金桔、糖莲心、芝麻糖、花生等，以供家人和宾客享用。过去汉口亦称加有红枣、瓜仁、莲子等物的糖开水为“元宝茶”。清代叶调元《汉口竹枝词》云：“主客相逢吉语多，登堂无奈磕头何。殷勤留坐端元宝，九碟寒角一暖锅。”注云：“正月饮酒用元宝杯，谓之‘端元宝’。”元宝杯是酒杯上绘有元宝或钱币图形，以示吉祥发财。后来改用“元宝茶”。一般取红枣沿腰切口，四周嵌入瓜仁，冲白糖开水。考究一点的红枣、莲子、桂圆羹也称“元宝茶”。民国四年刊印的《汉口小志》云：“拜年客来，多留吃元宝茶，或摆果盒以待。”果盒中装有年糕、蜜枣、糖莲子、柿饼、花生等，分别寓意年年高、早生贵子、早日高中、连生贵子、事事如意、多子多孙。

中国春节饮食活动的高潮是吃“团圆饭”。在民间，人们对吃团圆饭十分重视，羁旅他乡的游子，除非万不得已，都要赶回家吃顿年饭。因特殊原因不能回家吃年饭的，家人也要为他们留一席位，摆上一套碗筷，以示团圆。筵宴菜肴的内容在不同地区各不相同。如江汉平原地区，除夕年夜饭必有一道全鱼，谓之“年鱼”，意取“年年有余”。年鱼一般是不能吃的，虽然个别地方可以吃，但鱼头、鱼尾不能吃，谓之“有头有尾”，来年做事有始有终。圆子菜在许多地方的年宴上是少不了的，因“圆子”正好合“团圆”之意，所以，鱼圆、肉圆或藕圆便成了宴席上的必备菜。总之，年宴上一般要有一至两道蕴含吉祥寓意的菜肴，以此表达人们对未来生活的美好祝愿。

正月十五元宵节，又称上元节，是新年的第一个月圆之夜。元宵节起源于汉代，但对其起源形式存在着不同的说法。

第一种说法是，汉武帝采纳方士谬忌的奏请，在甘泉宫中设立“泰一神祀”，从正月十五黄昏开始，通宵达旦地在灯火中祭祀，从此形成了这天夜里张灯结彩的习俗，如宋人朱弁《曲洧旧闻》云：“上元张灯，自唐时沿袭，汉武帝祠太一自昏至明故事。”实际上，汉武帝祀太乙沿袭的是先秦楚人的旧俗，《楚辞・九歌》以“东皇太一”为至尊之神。

第二种说法是，汉末道教的重要支派——五斗米道，创天、地、水（或人）“三官”说。魏晋时，道教又以“三官”与时日节候相配，定正月十五为上元，七月十五为中元，十月十五为下元，合称“三元”。三元节由此产生。明人郎瑛《七修类稿》引唐人说法，认为正月十五是“三官下降之日”。而三官【图 5-3】各有所好，天官好乐，地官好人，水官好灯，因此在上元节要纵乐点灯，士女结伴夜游。

第三种说法是，上元节是汉明帝时由西域传

图 5-3 恒山悬空寺三官像

入的，如宋人高承《事物纪原》云："西域十二月三十乃汉正月望日，彼地谓之大神变，故汉明帝令人烧灯表佛。"

这些说法都有一定的道理，但是一个成熟节日的形成，多是融汇了一些不同种类的文化因子。可以认为，上元节是多种文化和习俗复合而成的，如中国先秦楚文化的遗绪，汉代正月十五燃灯祭太一的仪礼，道教的"三元"说，以及佛教传入中国后法事庆典的影响等。正是由于这些因素的结合，才形成了上元节。这样，正月十五灯火辉煌的活动，既有祭太一神的旧俗，又有燃灯礼佛的虔诚，成了一个独具风采的传统节日。

元宵节吃元宵【图 5-4】这一习俗，是从宋代长江下游一带开始的。南宋周必大《平国续稿》记云："元宵煮浮圆子，前辈似未曾赋此。"其制法是以各色果饵和蜜糖为馅，用糯米粉包裹起来搓成球，置水中煮沸而食。圆子与耍狮、舞龙的球一样是月亮的象征物，吃圆子涵有祭月、赏月的意味。周必大《元宵煮圆子》诗云：

今夕知何夕，团圆事事同。
汤官循旧味，灶婢诧新功。
星灿乌云里，珠浮浊水中。
岁时编杂咏，附此说家风。

因为"前辈似未曾赋此"，他才写了这个"时令风尚"的食品。同代人周密在《武林旧事》一书中说："节食所尚，则乳糖圆子、澄沙团子……

图 5-4 元宵

十般糖之类。”这里所说的“乳糖圆子”“澄沙团子”等，是应节而做的，系用江米粉（南方称糯米粉）包裹各种果饵料做馅，搓成球状，然后用开水煮制而成。

正月十五吃元宵也与中秋吃月饼一样，含有家人团圆的意味。又有元旦（今春节）完了义，也作为祭祀祖先之物，寄托对亡灵的哀思和敬意。清同治年间湖南《巴陵县志》云：“‘元夜’作汤圆，即呼食元宵，圆元语同，又有完了义。”

在不同地区，元宵节饮食习俗不尽相同，各有千秋。上海、江苏的一些农村，元宵节吃“荠菜圆”。清代李行南《申江竹枝词》咏上海过元宵的情景：“元宵锣鼓镇喧腾，荠菜香中粉饵蒸。祭得灶神同踏月，爆花正接竹枝红。”云南昆明人多吃豆面团；云南峨山一带，元宵之夜全寨人要聚在一起举办“元宵宴”，是日下午，召集人燃放鞭炮通知全寨各户主前来吃饭。吃饭前，由德高望重的老前辈吟诵祝辞，祈愿当年风调雨顺，五谷丰登。湖北省《枣阳县志》记载：“元宵，家家和粳米、大豆、荞麦等面为金盏、银盏，燃香（油）炷于中，遍处张照，次日收取煎食。”浙江杭州地区，正月十三日为上灯节，家家户户以糯米粉搓成小团，煮熟后供祖先，称为“上灯圆儿”。十五日以糯米粉搓成大团，其中的馅有切细的核桃、花生、芝麻、枣子、鸡油、豆沙之尖，称为

“灯圆”。民国后期，菜馆中还用油炸，称为“炸元宵”。以灯圆馈送亲友，名为“灯节盒”。

西南地区的四川合江，在元宵节这天，入夜煮汤圆而食，称为“吃元宵”。男人则窃人青菜煮食，称为“偷青”。或私取人家檐灯以送亲友，据说可生子，称为“送红灯”。

1913 年，袁世凯因“元宵”与“袁消”谐音，于己不吉利，下令改“元宵”名为“汤圆”。此后，汤圆之名也流行开来，有的地方直至现在仍称元宵为汤圆。

第二节　清明食俗

寒食节在清明之前一两日，从先秦以迄隋唐，寒食节均为一个大节日。寒食节与清明节在节俗内容上并无十分明显的承继关系。但纵观这两个节日的演变、发展轨迹，我们可以很清楚地发现这么一条线索，那就是，寒食节式微的时候，清明节就从一个单纯农事节气上升为一个大的节日。这说明清明节的产生，是借用了寒食节的节期。寒食仅先于清明一两日，因而很自然地便被后者借用了。这种借用的文化基础是人们世世代代传承、积淀下来的对年节节期稳定的习惯心理。除节期的借用外，清明节也借用了寒食节作为一个纪念性、祭祀性节日的内核，清明的祭祖扫墓【图 5-5】之俗的深层结构无疑就是纪念和祭祀。

唐代以后，寒食的地位日趋式微，逐渐成

图 5-5 清明节祭拜祖先

为清明节的一部分，寒食节禁火风俗也逐渐消失。但是与这个节日有关的馓子这一节令食品，却仍为人们所喜食，千百年来，传承不绝，并发展为具有款式繁多，风味各殊的特点点心，在中国各地流行。

江浙一带流行青团红藕，如清顾禄《清嘉录》云："市上卖青团熟藕，为清明祀先之品。今俗用青团红藕，皆可冷食，犹循禁火遗风。"清代江浙地区的清明节冷食青团红藕，即是寒食食俗的变形遗存。所谓"青团"【图 5-6】，道家称之为"青精饭"或"青精干石饭"。其制作方法是以南烛枝叶的汁浸米，蒸出的饭呈青色，道家认为吃了这种饭可以"资阳气"、益颜延寿。

如《零陵总记》载："杨桐叶细冬青，居人遇寒食，采其叶，染饭色，青而有光，食之，资阳气，道家谓之青精干石饭。"及至现代，清明节令食品"青团"的制作加工又有了一些新的发展。其制作方法一般是"将一种有香味的青艾，用石灰腌制后洗净捣碎，和上米粉与糖，蒸成艾团子，也有在里面装馅儿的"。苏沪风味的青团则是用雀麦草汁和入糯米粉，以豆沙为馅制成的。

杭州还有一种用糯米拌青蒿，捏成小狗形状的清明团子，俗称"清明狗儿"。这清明狗儿，并不在清明节吃，而要一直等到立夏这天，才拿出来用荠菜花煮熟了给小孩吃。据说，小孩吃了这种清明狗儿可以防患传染病。其实，青蒿是一种芳香植物，性凉、有消夏、散热、解毒的作用。俗话说"三日猫，四日狗"，所以捏成狗状，也

图 5-6 青团

许是因为猫狗不易生病，故有取其“健而贱”的含意。据清代范祖述《杭俗遗风》记载，杭州清明节，民间要以五色米粉，捏制粉犬，俗称“清明狗”，悬挂梁下，到立夏日蒸熟给小孩食，说是吃了能健壮如虎。由此可见，此俗由来已久。

第三节　端午食俗

端午节是中国传统节日中仅次于元旦的第二大节日。端午又称“端五”“重五”“重午”“端阳”“地腊”（道教节庆）“女儿节”“浴兰”和“天中节”等。除汉族外，中国还有一些少数民族也过端午节，如彝族、傣族、土家族、纳西族、侗族、布依族等。

端午节起源很早，在先秦时，人们就认为五月是个恶月，重五之日更是恶日。如《史记·孟尝君列传》中就有这样的事例，其云：“初，田婴有子四十余人，其贱妾有子名文，文以五月五日生。婴告其母曰：‘勿举也。’其母窃举生之。及长，其母因兄弟而见其子文于田婴。田婴怒其母曰：‘吾令若去此子，而敢生之，何也？’文顿首，因曰：‘君所以不举五月子者，何故？’婴曰：‘五月子者，长与户齐，将不利其父母。’

文曰：‘人生受命于天乎？将受命于户邪？’婴默然。”

《吕氏春秋》中也认为五月是阴与阳、死与生激烈斗争的一个月，其中云：“是月也，日长至，阴阳争，死生分。君子斋戒，处必掩，身欲静无躁，止声色，无或进，薄滋味，无致和，退嗜欲，定心气，百官静，事无刑，以定晏阴之所成。”所以后世端午节要进行一系列的辟邪、祛疫的活动，这说明构成端午节的一些事象及因子，在先秦时就已存在。

汉代至魏晋是端午节初步形成的阶段，而南北朝至隋唐则是端午节逐渐定型、成熟化的阶段，因为端午节中的许多风俗事象，特别是饮食风俗，都是在这一时期形成的。

端午节最主要的节令食品是粽子。相传粽子始于汉代，是端午节投向水中祭屈原【图 5-7】的供品。南朝梁人吴均《续齐谐记》载，“屈原五月五日投汨罗而死，楚人哀之，每至此日竹筒贮米，投水祭之。汉建武中，长沙区曲白日忽见一人，自称三闾大夫，谓曰：‘君当见祭，甚善。但常年所遗，恒为蛟经所窃。今若所惠，可以楝叶塞其上，以采丝缠之。此二物蛟龙惮也。’曲依其言。世人作粽并带五色丝及楝叶，皆汨罗之遗风也。”可见，最早的粽子是用楝叶包裹的。

后来，人们又改用菰叶来包粽子。周处《风

图 5-7 屈原

土记》云："仲夏端午，烹鹜角黍。"又云："五月五日，以菰叶裹黏米煮熟，谓之角黍，以象阴阳相包裹，未分散也。"

在南朝时，粽子的名称已逐渐代替了角黍，其制作原料也由黍米改为主要用大米了，而且粽子也成为夏至和端午两个节日的节令食品。

事实上，用竹筒贮米和包裹"粽子"，原是中国稻作民族制作主食的两种古老方法，制筒粽的方法是在新砍的竹筒中贮米注水，置火上烧烤成熟食。制粽子的方法是以楝树叶或菰叶包裹黏米，用线缚紧，投水中煮熟，然后取出剥食。这两种制作主食的方法至今仍为部分西南少数民族所沿袭。

竹筒贮米和粽子均是上古人们的日常食物，本无特殊的纪念意义，后来，在魏晋南北朝的传承过程中，人们又将吃粽子与祭屈原联系了起来，这样，后世围绕着粽子这一食品，便衍生了一系列有关的食俗与禁忌，粽子包裹的花样及品种也越来越多。特别是在长江下游一带，粽子种类更多。《上海县竹枝词》云："又是端阳景物新，枇杷角黍饷亲邻。儿童争买雄黄酒，妇髻玲珑插健人。"近代以后，随着当地民众生活水平的提高，上海地区端午节时所吃的粽子品种也日益丰富起来。喜吃苏式的，有白米、赤豆、豆沙、鲜肉、火腿等诸多名色；喜吃广式的，则有椰蓉、莲蓉、烧鸭、猪油豆沙、叉烧、蛋黄等各种类型；另外还有诸多的花色粽，如干贝、冬菇、开洋、绿豆、咸蛋等。真可谓琳琅满目，丰富至极。

古代中国人在端午节除了食粽子外，还要饮菖蒲酒和雄黄酒。菖蒲是生长在山涧泉流旁的一种名贵药材，具有开窍、祛痰、理气、活血、散风和祛湿等功用。饮菖蒲酒起源较早，《荆楚岁时记》云："以菖蒲或镂或屑，以泛酒。其酒味芳香爽口，疗效显著，通血脉，治骨痿，久服耳目聪明。”

在中国许多地方，流行有端午节食“五黄”的习俗。这“五黄”是指：雄黄酒、黄鱼、黄瓜、咸蛋黄、黄鳝（有的地方也指黄豆）。

雄黄，其色澄红，有解毒杀虫之功，可治痈疮肿毒、虫蛇咬伤。俗信端午节时有“五毒”之说，所谓“五毒”，指的是蛇、蝎、蜈蚣、壁虎和蟾蜍。民间认为，饮了雄黄酒便可杀“五毒”。《白蛇传》里写到端阳惊变的故事，许仙误信法海谗言，端午时强使白娘娘饮雄黄酒，致使白蛇显露原形。因此，民间广泛传信饮雄黄酒能够解毒。但是，雄黄如果和烧酒同饮，稍不留意也会引起中毒。难怪清人梁章钜在《浪迹丛谈》中说：“吾乡每过端午节，家家必饮雄黄烧酒，近始知其非宜也。”现代饮雄黄酒之俗已经逐渐消亡。那么古人为什么要在端午节饮这雄黄酒呢？其原因也在于古人认为五月为恶月，饮雄黄酒可以起到辟邪、除疫的作用。

每逢端午佳节，江南水乡的孩子们胸前都要挂一个用网袋装着的咸鸡蛋或咸鸭蛋。关于此俗，民间流传着一段传说。相传很久以前，天上有个瘟神，每年端午的时候，总是溜到下界播疫害人。受害者多为孩子，轻则发烧厌食，重则卧床不起。一些做娘的对此十分心疼，纷纷到女娲娘娘庙烧香磕头，求她消灾降福，保佑后代。女娲得知此事，就去找瘟神说："今后凡是我的嫡亲孩儿，决不准许你伤害。"瘟神知道女娲法力无比，不敢和她作对，就问："不知娘娘有几个嫡亲孩儿在下界？"女娲一笑说："我的孩儿很多，这样吧，我在每年端午这天，命我的嫡亲孩儿在衣襟前挂上一只蛋袋，凡是挂有蛋袋的孩儿，都不准你胡来。"到了这年端午，瘟神又下界，只见一个个孩子胸前都挂着一个个小的网袋，里面装着煮熟的咸蛋。瘟神以为这都是女娲的孩子，不敢动手。就这样，端午吃蛋之俗逐渐流传开来，在有些地方，如湖南一带还发展成为一种求子习俗。

江汉平原一带，每年端午节必食黄鳝。黄鳝又名鳝鱼、长鱼，端午时节最为肥美。清末《汉口竹枝词》记有"艾糕箬粽庆端阳，鳝血倾街秽莫当"之句，可见当时的汉口人吃鳝鱼之普遍。

在江苏扬州，端午节还有一种吃"十二红"的习俗。所谓"十二红"，就是用十二样"自来红"的菜和酱油烧红了的菜。它们是煮草鱼、烧猪肉、爆虾子、咸鸭蛋、炒苋菜、腌黄瓜，还有糖醋杨花萝卜和莴笋等。传说是为了纪念爱国诗人屈原，十二样表示十二个月，每年的四时八节十二个月都顾到了，这样每年五月初五，除划龙船、抛粽子外，还要把弄好的十二样红彤彤的菜每样夹几筷，同时撒入江中，驱邪避灾，以求红利。

第四节 中秋食俗

在中国传统的岁时节日中，中秋和元旦、端午是三个最大的节日，如果加上正月十五元宵节，共为四大节。

八月十五，秋已过半，是为中秋。中秋的渊源是先秦时的秋祀和拜月习俗。秋天是收获的季节，家家拜祀土地神，久而久之，围绕“秋报”形成了一系列风俗。同时，中国的原始宗教是多神教，自然崇拜占有重要地位，祭月、拜月【图5-8】之风很盛，这便为中秋节的产生提供了温床。但是，中秋节成为一个气氛隆重、情感色彩强烈的大节日，却是在南北朝以后。节日的某些习俗形成也比较迟，一般认为，中秋节成为固定而隆重的节日，大约始于唐代。

中秋节也叫团圆节，所以这一天的饮食活动多以家庭和亲朋好友为单位进行，以联络感情，

图 5-8 中秋拜月
选自《北京风俗图谱》

增进亲情。从中秋月圆引申出家人团圆，并以中秋为团圆节，虽然这是比较后起的风俗，但祈望家庭平安，亲人团圆的心理实际上已深深扎根在中国人的心中。所以，在中国传统节日中，均可找到两条主要线索：一是祭祖，二是聚餐。这两点之所以成为中国传统节日礼俗的两条主要线索，与我国传统的重孝道、人伦，重血缘纽带和宗族家庭的文化精神和民俗心理息息相关。

明人田汝成说："八月十五日谓之中秋，民间以月饼相遗，取团圆之义。"说明在中秋这天吃月饼，有以圆如满月的月饼来象征月圆和团圆的意义。所以中秋节这天，家人有在外未归者，分月饼时也要替他留一份。

我国的月饼种类繁多，因产地不同而风味

各异。其中以京式、苏式、广式、潮式等月饼最为著名。苏式月饼油多糖重，层酥相叠。它的传统品种是吸取了江浙各地月饼之精华，如苏州的玫瑰、扬州的椒盐、平湖的枣泥等。其中以豆沙制作的最为考究，味香细腻，最易消化，尤适童叟食用。

近年来，月饼的外形也有所突破，已不再是千百年来一直袭用的圆形，而增添了花形、多角形等多种新花样。

中秋佳节除食月饼外，长江中下游一些地方还有食“桂花糕”【图 5–9】、“桂花酒”的习俗。

八月十五桂花香，中秋之夜，仰望月中丹桂，喝些桂花蜜酒，吃些桂花蜜糕，乃是中秋之夜饮食风俗中又一件美事。桂花不仅有观赏价值，而且还有食用价值。屈原《九歌》中“援北斗兮酌桂浆”“奠桂酒兮椒浆”的诗句，表明我国很早

图 5–9 桂花糕

起就用桂花酿酒了。在我国的长江下游一带，每到中秋前后，店肆中卖桂花酒的生意总比平时好得多。人们喜食桂花，将桂花作为食品制作中添香的佐料。人们用糖或食盐浸渍桂花，长期保香于密封容器中。或者在制作糕点时，和入米面做成桂花糕，或者在烧食山芋时撒上一撮，色香俱美。还有用桂花熏茶，或在泡茶时将其加进去，称之为“桂花茶”。此外，南方多地还很喜欢在节日吃糯米桂花甜酒酿。

第五节　重阳食俗

农历九月九日重阳节，又称重九节。古人将九看作阳数，两阳相重，故称“重阳”，又因日月逢九，两九相重，故名“重九”。

重阳节起源甚早，但它的节日化完成于汉代。重阳节自汉代以来就有传统的饮食，这就是做重阳糕，饮菊花酒。汉晋时将重阳糕谓之“蓬饵”，《说文解字》释“饵”为“粉饼也”。饵，又称为糕，扬雄《方言》说：“饵，或谓之糕。”它是将熟米捣烂或先将米磨成粉子，然后做成糕饼。汉魏时，用麦粉制作的叫饼，用米粉制作的就叫饵。《急就章》注云：“溲米而蒸之，则为饵，饵之言而也，相粘而也，溲面而蒸熟之，则为饼，饼之言并也。”此饼、饵的分别是很清楚的。但是，自贾思勰《齐民要术》将米粉、麦面皆入于饼法之中，后世言食经者，就没有将饼、饵的界限分开了。“蓬饵”是用蓬草加黍米或秫米制成，蓬草是一种菊科植物，用蓬草只是取其香味。据《玉烛宝典》云:“九月食饵，饮菊花酒者，黍秫并收，以因黏米嘉味，触类尝新，遂成积习。”到了唐代，重阳糕的名目就多了起来，据《唐六典》和唐《食谱》等记载，唐代重阳节有麻葛糕、米锦糕以及菊花糕，《文昌杂录》中说 :“唐时节物，九月九日则有茱萸酒、菊花糕。”茱萸可“辟除恶气，而御初寒”。

近代以来，中国各地都还在沿袭重阳节饮菊花酒，吃重阳糕之习俗。清同治年间《湖北通志·风俗》云:“今俗于九日酿重阳酒，造茱萸酱，蒸粉面为糕，以相饷遗。士大夫载酒登高或延宾为‘赏菊会’。”《上海县竹枝词》云 :“九月登高例吃糕，楼登丹凤上层高，几家赏菊朋高会，几供黄花百种豪。”在清代，上海地区以谈家糕（俗名淡香糕）最为有名，它是重阳节时人们登高食糕的节令佳品，但后来逐渐失传。现今如上海高桥食品店的松糕，乔家栅食品店的蜜糕等，也是重阳节时人们品尝享用、馈赠亲友的佳品。

为什么在重阳节饮菊花酒呢？中国医学证明，菊花药性甘寒微苦，有疏风除热、养肝明目、消炎解毒之功。科学实验证明，菊花有扩张血管的功效，可以降血压，对冠心病也有一定疗效。菊花还可以食用，李时珍在《本草纲目》中说 :

“其苗可蔬，叶可啜，花可饵，根可药，囊之可枕，酿之可酒。”可见，保健养生才是重阳节饮菊花酒的根本原因。

中国古代重阳节有到野外登高【图 5–10】之

图 5–10 重阳登高，插茱萸，喝雄黄酒

俗，因此，中国先民在此日举行野宴。孙思邈《千金月令》中说："重阳之日，必以肴酒登高眺远，为时宴之游赏，以畅秋志。酒必采茱萸、甘菊以泛之，既醉而还"。由此可见，野宴已成为中国先民重阳节一项重要的饮食活动。

重阳野宴始于何时，不得而知，据《荆楚岁时记》，长江中游一带在魏晋南北朝时，"九月九日，四民并藉野宴饮"。隋人杜公瞻注云："九月九日宴会，未知起于何代，然自汉至宋未改。"任一风俗都不是突兀地出现的，而是前代文化、风俗传统的产物，汉魏九九重阳节的野宴，无疑传承自先秦时。

在中国为数众多的节日中，最具有中华民族节日饮食特色，最能牵动中国人的情感，最能反映中华民族传统的民俗心理和文化精神的，是以上几个大节日。而这几个大节日中的饮食活动，体现了中国传统年节中最活跃、最鲜明的文化因子，反映了中国先民在岁时节点的变化过程中逐渐形成的习俗，构成了一幅中国传统饮食文化的生动图景。

第六章　精致食器

色、香、味、形、器是中国传统饮食不可分割的五个方面。美食与美器的和谐统一，也是中国饮食文化的优良传统。早在中国远古时代，就已经创烧了陶制饮食器；殷周时期又发明了青铜饮食器具；春秋战国时期的诸侯王之宴席上，又制作了木雕漆食器；秦汉以后出现的金银、陶瓷饮食器，其质地优良、工艺精湛，使中国古代饮食器具的制作水平达到顶峰。中国古代饮食器具的精湛制作技艺和鲜明的继承关系，是世所罕见的。中国古代饮食器具是中国古代文化的瑰宝，也是人类物质文化史上一项重要的文化遗产。

第一节　青铜食器

随着岁月的流逝和时代的变迁，人类的饮食器具也在不断地改进和完善。每一种炊具和食具的问世，都标志着中国古代社会生产力有了新的发展，因为只有当社会发展到新的阶段时，新的饮食器具才能出现，商周青铜饮食器具的制作与使用也离不开这一规律。

在新石器时代，人们还是饭于土簋，饮于土杯，食器的制作停留在陶土质的阶段。到了商周时期，便一跃而进入辉煌灿烂的青铜时代，贵族饮食器具也都以青铜制作。所谓青铜，是指纯铜和其他化学元素的合金，最常见的是铜与锡、铜与铅的合金，颜色呈青灰，因而得名。

在发明青铜以前，商代饮食器具先经历了一个使用红铜（纯铜）的时期，红铜质软，远不如石器坚硬。青铜与红铜相比有三大优点，一是熔点低，易于铸造；二是硬度大，可根据需要加减锡、铅的比重，得到不同的硬度；三是溶液流畅，少气泡，可铸精美的花纹。所以青铜的发明对于生产工具及贵族饮食器具而言，都是一个划时代的创造。我国古文献中常称商周时代的青铜为金或吉金，吉金就是指精纯美好的青铜。

商周时代，青铜铸造业全部被贵族所占有，权贵们用青铜制作鼎以盛肉，作簋或敦以盛黍、稷、稻、粱，作盘或匜以盛水，作爵或尊以盛酒。他们用这些青铜食具“以蒸以尝”“以食以烹”，演绎为权力的象征。下面就已出土的商周贵族的炊器、食器和酒器，择要作一介绍。

炊器是商周贵族煮肉、调味和蒸煮黍、稷、稻、粱等熟食的器具，主要有鼎、鬲、甗、簋等。

鼎是商周贵族最常用的炊器，相当于现在的锅，用于煮肉和盛肉。形态大多是圆腹、二耳、三足，也有四足的方鼎。最早的青铜鼎都是仿照陶鼎制作的，但又具备陶鼎所没有的某些特征，如鼎的两耳一般立在口缘上，目的是在取用鼎时，用钩将鼎钩起。目前已出土的鼎，最小的通高不过 10 多厘米，如西周的四鸟扁足方鼎。最大的通高 133 厘米，宽 79.2 厘米，口长 112 厘米，鼎重 832.84 公斤，这就是商代后期的后母戊鼎【图 6–1】。该鼎立耳，长方形腹，四柱足中空，所有花纹均以云雷纹为地。耳的外廓饰双虎食人

图 6–1 商代后母戊鼎

首纹浮雕式，虎口相向，中有一人头，好像被虎所吞噬；耳的侧缘饰列浮雕式鱼纹。鼎腹上下均饰以夔纹带构成的方框，两夔相对，作饕餮形，中间隔以短扉棱。鼎腹四隅皆饰扉棱，以扉棱为中心，有三组兽面纹，上端为牛首纹，下端为饕餮纹。鼎身四面的中央部分，都是没有花纹的长方形空白地。足部饰兽面纹，下有三道弦纹，腹内壁有铭文“后母戊”三字（有人认为是“司母戊”三字）。

后母戊鼎是世界罕见的贵重青铜器文物，

也是商代贵族饮食器具的代表作。它的造型厚重典雅，气势宏大，纹饰美观庄重，工艺精巧，是商文化发展到顶峰的产物。很显然，如此巨大的鼎，并不是出于实用的需要而制作的。根据鼎腹内铭文“后母戊”三字来分析，学术界多认为此鼎是商王为祭祀他的母亲“戊”而铸造的，在祭祀时用此鼎装一些牲肉等祭物。

后母戊鼎于1939年出土于河南。1948年5月29日，中央博物院与故宫博物院在南京联合举办展览，蒋介石亲临参观并在鼎前留影，可见此鼎在当时为人们所重视的程度。后来，国民党曾拟将此鼎运往台湾，终因此鼎过重过大，才不得不打消这一企图。新中国成立后，此鼎被存放于南京博物院。1959年，中国历史博物馆在北京建馆，此鼎拨交中国历史博物馆。此外，比较有名的还有盂鼎、大克鼎、毛公鼎等。

大体说来，鼎因时代或地域不同，其形制也会有所变化。商代前期的鼎多为圆腹尖足，也有柱足方鼎和扁足鼎。商代后期尖足鼎逐渐消失，分裆鼎增多。到西周后期，扁足鼎和方鼎基本消失，鼎足呈蹄形。战国至汉代的鼎多为敛口（口沿向内收缩），大多有很短的蹄足并有盖子，盖上多有钮或三小兽。

从用途上来说，商周贵族的鼎又分为镬鼎、升鼎和陪鼎三大类。镬鼎形体极大，多无盖，用来煮牲肉。《周礼》曰："掌共鼎镬。"郑玄注云："镬所以煮肉及鱼腊之器，既熟，乃陈于鼎。"升鼎是把镬中的熟肉放到这一类型的鼎中去，这一动作被称之为"升"，故名为"升鼎"，也称"正鼎"。陪鼎是升鼎之外的另一种鼎，用于盛放佐料的肉羹，与升鼎相配使用，故称"陪鼎"。

在古代，鼎还是一种权势的象征。《周礼》规定：天子九鼎，诸侯七鼎，卿大夫五鼎，元士三鼎。春秋战国时期，诸侯卿"僭越"，用鼎数目逐步升级，诸侯九鼎，卿大夫七鼎。九鼎、七鼎称大牢（牛、羊、豕三牲俱全），五鼎称少牢（只有羊、豕），三鼎只有豕。鼎的多少是"别上下，明贵贱"的主要标志，所以古代文献中记述帝王生活有"列鼎而食"和"钟鸣鼎食"的说法。

鼎后来发展成为一种礼器。所谓"礼器"，就是帝王贵族在进行祭祀、宴会等活动时举行礼仪而使用的器物，具有浓重的宗教巫术色彩。后世甚至还把鼎视为国家政权的象征。传说大禹收九州之金，铸为九鼎，遂以为传国之重器，所以后世把取得政权叫"定鼎"，国家的栋梁大臣称为"鼎辅"，就好像锅底下的足拱托着大锅一样，其名均由饮食器具引申而来。

鬲也是商周贵族的常用炊器之一。《尔雅》说："鼎款足者，谓之鬲"。鬲的作用与鼎相似，属于鼎类。最初形式的青铜鬲就是仿照陶鬲制成的，它的形状是大口，袋形腹，其下有三个较短的锥形足，这种奇特的设计是为了使鬲的腹部具有最大的受火面积，使食物能较快地被煮熟。商代鬲的袋腹都很丰满，上口有立耳，颈微缩。因为三个袋腹与三足相连，而且鬲足较短，习惯上把袋腹称为款足。现藏于首都博物馆的伯矩鬲【图6–2】，是周文王庶子召公奭之子为燕侯时，赏给伯矩贝的。

图6–2 伯矩鬲

商周时期，鬲也是国家礼器之一，到春秋晚期，鬲已基本上退出礼器的行列。而到战国晚期，不论是在祭器还是在炊具的范围内，都不见鬲的影子了。因此，容庚在《殷周青铜器通论》一书中指出："鬲发达于殷代，衰落于周末，绝迹于汉代，此为中国这一时期的特殊产物"。

甗亦是商周贵族的炊器，相当于现在的蒸锅。全器分为上下两部分，上部为甑，放置食物，下部为鬲，放置水。甑与鬲之间有箅，箅上有通蒸气的十字孔和直线孔。青铜甗【图 6-3】也是由陶甗演变而来，青铜甗流行于商代至战国时期。商代至西周的甗是把甑和鬲铸成一件，圆形，侈口（口沿向外撇），有两直耳（或称立耳，耳直立口沿之上）。春秋战国的甗是甑和鬲可以分开，直耳变为附耳（耳在器身外侧）。这一时期还出现了四足、两耳、上下可以分合的方形甗，有的方形甗上部甑内加隔，可同时蒸两种食物。甗盛

图 6-3 商代妇好三联甗

行于商周贵族的饮食生活中，至汉代和鬲一起绝迹。

食器 商周贵族盛饭菜和进食的用具，主要有以下几种：

簋是贵族中最常用的食器。簋用来盛放煮熟的黍、稷、稻、粱等饭食，形体犹如大碗。商周贵族与民众在宴飨时均是席地而坐的，先将簋放在席上，再用手到簋里取食物。直到现在，还有一些少数民族沿袭着这种生活习惯。陶簋在新石器时代就已出现了，青铜簋是在商代中期发展起来的。簋的形态变化最多，起初是流行无耳簋，大口、颈微缩、腹部均匀地膨出，下承圈足。在此形制的基础上，出现了器侧装有手执的双耳，商代晚期，双耳簋已十分盛行。西周和春秋晚期的簋常带盖，有二耳或四耳，这一时期还出现了加方座或附有三足的簋。战国以后，簋就很少见了。

现存较著名的青铜簋为西周的“天亡簋”【图 6-4】。全器通高 24.2 厘米，口径 21 厘米，侈口，圆腹，圈足，方座。腹附四耳，耳作兽形，均有垂珥，在器腹与方座外部均饰张口回身的龙纹，圈足部饰变体龙纹带。反映了周武王对龙的崇拜。天亡簋是西周初年武王时期的标准铜制饮食器，它在器形、纹样图案、铭文、书法等方面都有自己的特点，但没有商代贵族铜制饮食器那样的流丽和奇饰。

商代中期，簋与鼎等饮食器具的性质一样，

图 6-4 天亡簋

也曾作为象征贵族等级的器物。据考古发现，簋往往成偶数出现。周礼也规定，大牢九鼎配八簋，七鼎配六簋，少牢五鼎配四簋，牲三鼎配二簋，一鼎无簋。可知，簋的多少也是区分等级的重要标志。

盨是西周中期贵族中流行的食器，也是用来盛黍、稷、稻、粱的。其形状为椭圆形、敛口、两耳、圈足、有盖，盖上一般有四个矩形纽，仰置时成为带四足的食器。在西周中期出现，至战国时便绝迹了。

簠也是西周贵族的食器，为长方形，口外，四短足，有盖。盖与器的形状大小相同，合上成为一器，分开则成为相同的两个器皿。郑玄《周礼·舍人》注："方曰簠，圆曰簋，盛黍、稷、稻、粱器”，指出了簠与簋的区别。

簠的用途，与后世的盘子相似。簠主要通行于西周中期，战国以后渐衰退。

敦主要是东周时期的食器。敦是从鼎演变而来的，其器形较多，一般有三短足、二环耳、圆腹、有盖。因敦为盛黍、稷、稻、粱之器，黍、稷宜温，所以有盖。有的敦为“上下圆相连”形，即盖与器形状完全一样，只不过器下足长一些，使用时可分一器为两器用，提高了器物的使用价值，即通常说的“球形”或“西瓜形”敦。敦最初有三足，下边可以烧火，后来渐成短足，以至无足，遂为盛器。

瓿为青铜或陶制，圆口、深腹、圈足，用以盛酒和盛水，亦用于盛酱，流行于商代至战国。

豆是商周时期的食器，青铜豆是由陶豆演变而来的。从甲骨文和金文中的“豆”字来看，像奉豆而内盛黍、稷形，可知豆最初是盛饭食的。西周时期又用来盛肉酱、肉羹一类食物，所以《说文解字》释“豆”为“古食肉器也”。豆的形状如后世的高脚盘，大多数有盖，盖上有支撑物可仰置，腹间两侧有环形耳，通体刻画各种纹饰，还有把柄较长的豆。

此外，还有盘，现在一般用于盛菜，但在商周时，主要是用于饮食前或行礼前盥洗双手，其中以散氏盘、虢季子白盘【图 6–5】较著名。

图 6-5 虢季子白盘

酒器 是商周贵族用来饮酒、盛酒、温酒的器具，有些酒器还兼有盛水的功能，酒器主要有以下几种。

爵【图 6-6】是殷商时期的饮酒器，相当于后世的酒杯。早期的爵是陶制的，商代贵族中开始使用青铜爵。爵的名称十分雅致，有让人听其名而知其高贵的感觉，它是商王或贵族举行宴饮时使用的酒具。

爵的名称是由宋代人定的，取雀的形状和雀的鸣叫之义。爵的形制是圆腹，前有倾酒用的流，后有尾，旁有纽（把手），口上有两柱，下有三个尖高足。古代文献记载，爵的容量为一升，但事实上商代爵的容量悬殊很大，甚至有大型或特大型的。可见，爵的容量并没有统一的规格。

图 6-6 乳钉纹青铜爵

商代时常常将爵与觚【图 6-7】、斝等酒器一起使用，这种配合使用一直流行于商代各王朝中，西周早期以后走向绝迹。当爵消失后，觚、觯、觥也同时消失，这大概是与周人吸取商王朝酗酒亡国的教训有关。

觚的形状是长身、侈口，口和底部都呈喇叭状。商代前期的觚较商代后期要粗短一些。考古发掘的现象说明，爵和觚是最基本的成组酒器，也是最早的青铜礼器之一。

觯也是商周时期的饮酒器，其形状似水瓶，圆腹、侈口、圈足，大多数有盖，这种形状的觯多为商代器，西周时有作方柱形而四角圆的。春秋时演化成长身、侈口、圈足，形状像觚。

觥是商周的盛酒器或饮酒器，有的觥附有小斗可挹酒。觥出现于商代，早期觥的形状像牛角横置形，下承长方圈足，前端作龙头状，有盖。

图 6–7 旅父乙觚

后来觥演化为像有流的瓢，上有盖，盖覆流处成为兽头，向上昂起，后有鋬，下有圈足。

现存于美国华盛顿弗利尔美术馆的一件鸟兽纹觥，可称为商代觥中精品。这件铜觥通高31.4厘米，带椭圆状流，全器由盖、器身、鋬、足等组成。整件铜觥铸刻有鸟、兽、人形花纹多达20组，除龙头、凤鸟、怪鸟、饕餮为单个外，其他的如立鸟、夔龙、蟠龙、怪兽和人形花纹均为成双或偶数，这种精美的造型和装饰手法，为现已出土的商周时期青铜觥中所仅见。

尊是酒器的共名，凡是酒器都可称尊。青铜器中专名的尊特指侈口、高颈、似觚而大的盛酒备饮的容器。也有少数方尊和形制特殊的尊，模拟鸟兽形状，统称为鸟兽尊，主要有鸟尊、象尊、羊尊、虎尊、牛尊等。如现存于中国历史博物馆的四羊方尊【图6-8】，就是仅见的商代时期饮食器中最大的方尊，此尊重34.5公斤。喇叭状的方形口部，边长有52.4厘米，几乎接近器身的高度——58.3厘米，尊的四角有四只脚踏实地的山羊，稳稳扛起了整个重量。在急遽收小的颈部有各种纹饰，尊的四肩、腹部设计成四个大卷角羊，其形象在宁静中有威严感。四羊方尊的工艺设计集线雕、浮雕、圆雕于一器，把平面的图像和立体的雕塑结合起来，把器皿和动物形状结合起来，浑然一体，并以非常杰出的铸造技

图 6-8 四羊方尊

术加以表现，真是匠心独运，恰到好处，此尊可谓是商代时期酒器珍品的代表。

在商周时期的青铜礼器中，尊占据着仅次于鼎的重要地位。唐代诗人李白曾有："金樽清酒斗十千，玉盘珍馐值万钱"的著名诗句，此处的金樽就是泛指一般用金属制作的盛酒用具。因为后来尊又专指酒杯，这个意义上，尊又写作"樽"。

钫，即方形壶，或有盖，青铜制，用以盛酒浆或粮食，盛行于战国末至西汉初。陶制品的多为明器。

壶是商周时期的盛酒和盛水器。河北平山中山王墓出土的铜壶内保存有 2300 年前的古酒，可见壶最早是盛酒的，后来也用来盛水。壶是长颈容器的统称，其变化的式样甚多，商代的壶多扁圆、贯耳（耳像筒子）、圈足，周代的壶圆形、长颈、大腹、有盖、兽耳衔环。

春秋时壶的典型代表为莲鹤方壶【图 6-9】。其形为扁圆、长颈，肩上有二伏兽、有盖，盖上

图 6-9 莲鹤方壶

装饰莲瓣，中立一鹤，作振翼欲飞的姿态，造型生动，工艺精湛，是我国古代酒器中的杰作。战国时期的壶有圆形、方形、扁形和瓠形等多种形状，圆形壶到汉代被称为“钟”，方形壶则被称为“钫”。

卣是商周贵族的盛酒器，古代文献中常有“秬鬯一卣”的说法，秬鬯是商代权贵们特别喜饮的一种香酒，卣是盛这种香酒的酒器。

卣在考古发现中数量很多。器形是椭圆口、深腹、圈足、有盖和提梁，腹或圆或椭或方，也有作圆筒形。现存于美国波士顿美术馆的鸟纹卣，被学术界认为是西周贵族青铜饮食器具中制作极为精美的一件，可惜已流落异国他乡。

锺即圆形壶，用以盛酒浆或粮食，盛行于汉代。

盉是商周时期盛酒或调和酒味之器。王国维在《说盉》中云：“盉之为用，在受尊中之酒与玄酒（水）而和之而注之于爵。”其意是说，在进行祭祀时，将尊中的酒倒入盉中，加水以调和酒味的浓度。

盉的形状较多，一般是深腹、圆口、有盖，前有流，后有鋬，下有三足或四足，盖和鋬之间有链相连接。

方彝是商周贵族的盛酒器，形体为高方身，带盖，盖上有纽，盖似屋顶，有的方彝上还带有扉棱。腹有直的，有曲的，下连方圈足，现存于中国国家博物馆的妇好偶方彝【图 6-10】为众多方彝中的成功之作。

罍为商周时期的大型盛酒和盛水器。《诗经》中有“我姑酌彼金罍”，《仪记》中有“司空设罍水于洗东”，说明了罍有盛酒、盛水两种功能。

罍有方形和圆形两种。方形罍宽肩、两耳、有盖，圆形罍大腹、圈足、两耳，一般在一侧的下部都有一个穿系用的鼻。罍在西周晚期便基本消失了。

斝为商代时期的温酒器。其形状似爵，但器形较大，有三足，口前部有两柱，圆口，流和尾，有大鋬可执，主要盛行于商代贵族中。有时还被用作帝王们祭神时的灌尊，如《礼仪》中说：“灌尊，夏后氏以鸡彝，殷以斝，周以黄目。”

图 6-10 妇好偶方彝

第二节　漆制食器

在人类历史上，发现并使用天然漆大概是中国人的独创。考古证明，早在六七千年前的河姆渡文化时代，我们的祖先就已能制造漆碗，稍后的殷商时代，漆液里不仅已开始掺和各色颜料，且出现了在漆器上粘贴金箔和镶嵌钻石的做法，开汉唐“金银平脱”技艺之先河。历西周、春秋，漆器制作技术日精，在河南浚县辛村西周晚期墓中发现的漆器上的“蚌组花纹”，郭宝钧先生称之为“我国螺钿的初制”，评价甚高。时至战国，漆器之优良品质越来越被人们所认识和掌握，它轻便、坚固、耐酸、耐热、防腐，外形可根据用途灵活变化，装饰可依审美要求花样翻新。于是，在此时各诸侯王的生活领域，它逐渐取代了青铜器皿。

这时的漆食器以楚国贵族最盛，类别繁多，

应用广泛，有碗、盘、豆、杯、樽、壶、钫、羽觞、卮、匕、勺等，下面就出土的几件珍品作一介绍。

凤鸟形双联漆杯在湖北江陵境内有一座著名的古都，名纪南城，其为春秋战国时代楚国国都郢城所在地。凤鸟形双联漆杯【图 6-11】就在这里出土。漆杯高 9.2 厘米，长 17 厘米，全器作凤鸟负双杯状，前端为头颈，后端出尾翼，中间并列两个桶形杯，杯之间有孔相通。杯的凤鸟形状经雕刻而成，昂首展翅，似在飞翔，口中衔有一珠，珠为黑漆地，绘红、黄相套的圆环纹，胸腹下二爪正好作器足。凤鸟的头、颈、胸、尾遍刻象征羽毛的鳞状纹，全身除尾翼底面为红色外，其余皆髹黑漆地，再用红、黄、金三色漆绘圆圈纹、点纹、卷云纹、放射状线纹等，用笔细腻，描摹逼真，体现了很高的绘画技巧。

此外，凤鸟的头顶、颈侧、两翼、下胸部

图 6-11 凤鸟形双联漆杯

还嵌有银色宝石八颗，使凤鸟更显得华贵俏丽，双杯内髹红漆，杯口绘黄色卷云纹，外壁上口及近底部一段用红、黄色相间绘波浪纹，外壁中部以黑色绘相互蟠绕的双龙，龙头伸向两杯相连处，龙身加绘金色的斑纹和红黄色的圆圈纹等，龙纹外的空白处填红色，绘黄色云纹。杯底髹黑漆地，又以红色分别绘两蟠龙。龙凤形象集于一杯，应有“龙凤呈祥”之意。两杯底外侧各接一雏鸟形足，皆髹黑漆地，用红、黄、金三色画羽纹，鸟双翅上展，双足蜷曲，似在使尽全身力气顶扛双杯，神情之憨厚令观者怜爱。同时，这一装饰手法也让人们觉得硕大的双杯好像变得轻盈了不少。

彩漆鸳鸯木豆此豆也出土于江陵楚墓之中，通高 25.5 厘米，由盘、柄、座三部分组成，盘深 5 厘米，座高 4.4 厘米，柄径 3.5 厘米。柄和座一木刻成，柄上端凿榫头与盘部卯眼相接。豆盘较深，盖凸起，柄座上彩绘工整对称的三角形云纹与卷云纹，显得庄重而沉稳。最巧妙处是盖与盘合为一体，被雕成一只鸳鸯，头、身、翅、脚、尾镌刻得惟妙惟肖。

此器鸳鸯尾部两侧还绘有两只对称的金凤，凤鸟作为吉祥、幸福的象征，又进一步深化了器物的主题内涵，使这件豆更显贵重。该器雕刻精美，造型奇特，鸳鸯全身各个部分用金、黄、朱红、黑诸色精细描绘，雕刻与彩绘相得益彰，色彩斑斓，富丽堂皇。作为一件食器，它绝不是为一般宴会所用，而可能是楚国贵族举行隆重宴会，如婚礼之类才用的器具，寄托了时人的美好向往。

云纹漆案及杯盘 1972 年 1 月，湖南省博物馆在长沙市东郊马王堆发掘了一座西汉墓，墓中因出土了一具历时 2000 年而未腐的女尸而轰动国内外。该墓出土各类文物达千余件，其中漆器量多质精，尤值称道。这套云纹漆案及杯盘【图 6–12】，即属漆器里的佼佼者。这是一套长沙国丞相轪侯利苍家中的餐具，包括漆案一件及置于案上的五盘、一杯、二卮，五件盘内还盛有食物。

五件食盘其造型、装饰均一致，口径 18.5 厘米。旋木胎，平底，内髹红漆，中心黑漆地，朱绘卷云纹四组，纹饰间嵌黑漆书写“君幸食”三字，相互构成一个圆形的图案。“君幸食”者，意为希望主人多进饮食，这颇令进食者惬意。全

图 6–12 云纹漆案及杯盘

器底、腹、口各部分用朱、墨二色，朱色轻巧，黑色凝重，颜色搭配极为合理。

两件卮，一为卷木胎，无盖，有耳，外壁以红、褐二色漆绘三道卷云纹，耳上朱绘兽面纹，器内黑漆书“君幸酒”三字，器底红漆书“二升”。另一件卮造型极为精致，夹纻胎，有盖有耳，耳、纽上均有鎏金铜环。盖和器壁的黑漆地上针刻云气纹，云气间有两个龙头怪兽，线条细如游丝，流畅奔放。《盐铁论·散不足》篇中所说“银口黄耳”，即指这类镶有鎏金铜耳纽的漆器，十分贵重。

耳杯一件，内髹红漆，用黑漆书写“君幸酒”三字，外壁和杯底只髹黑漆。耳杯，文献中多称“羽觞”，“羽觞”最早见于《楚辞·招魂》“琼浆蜜勺，实羽觞些”，墓中木简上称“小具杯”，用于盛酒，间或盛羹，因这件耳环上明确写有“君幸酒”三字，所以可以肯定这是一件酒器。

第三节 金银食器

我国使用黄金的时间很早，根据考古发现，早在距今3000多年前的商代就已开始使用黄金了。一般来说，秦以前的金银器工艺尚未脱离青铜器铸造工艺的范畴，到了两汉，特别是在东汉以后，由于金加工的发展，使得金银器制作从青铜器制作传统工艺中分离出来，成为一种独立的工艺门类。

唐代是我国金银食器制作的繁荣时期，各地出土的唐代金银饮食器的数量相当丰富；宋代的金银器制造业有了进一步的发展，而且更为商品化。不仅皇室宫廷、王公大臣、富商巨贾享用着大量金银食器，甚至一些庶民和酒肆餐馆的饮食器皿也有使用金银器的。清代金银器工艺空前发展，宫廷用金银器更是遍及生活中的各个领域，现存精品多藏于北京故宫博物院。下面就历代金银饮食器具的珍品，作一介绍。

曾侯乙云纹金盏、金匕 1978 年，湖北省随州市擂鼓墩附近发掘的战国早期曾国君主曾侯乙的墓内，出土了一批盏、匕、杯、器盖等金制器皿，其中金盏和金匕【图 6-13】制作最精。盏高 11 厘米，口径 15.1 厘米，足高 0.7 厘米，重 2156 克，是迄今出土最重的一件金质器皿，其含金量高达 98%。出土时金匕置盏内，通长 13 厘米，重 56.45 克。

金盏造型端庄稳重，铸造工艺十分复杂，采用纽（提手）、盖、身、足分铸，即器身与附件分别铸成，然后再合范浇铸或焊接成器的方法，与青铜器的铸造方法很相似。器表铸造纹饰也十分精细，特别是蟠螭纹上浮雕凸出的尖状云纹，有的细如毫发，其铸造工艺之精，远远超过中原地区同期的蟠螭纹饰。这套金盏、金匕等食具，是墓主曾国君主曾侯乙生前豪华的饮食用具，金

图 6-13 战国 金盏、金勺

图 6-14 嵌珠宝龙纹金托金爵

盏内盛放食物，金匕有镂孔，是专为从汤汁中捞取食物用的。

嵌珠宝龙纹金托金爵 此器【图 6-14】于 1958 年在北京定陵出土的酒具，为万历皇帝生前御用酒器。深腹，短尾，长流，二圆柱，三足外撇，一侧附方形把（鋬）。器身由金托、金爵组合而成，皆为打制成型，以錾花工艺为主进行装饰。爵以金盘相托，盘中心立一墩形柱，三面分别雕出花瓶形，瓶内各插一枝嵌有珠宝的花卉，上面除嵌有红、蓝宝石外，还饰以金银锭、珊瑚、犀角等八宝装饰。托盘沿面亦镶嵌红蓝宝石。整个爵身及托盘共嵌宝石 25 块（其中红宝石 15 块，蓝宝石 10 块）、珍珠 5 颗。爵腹系双层制成，外壁刻半浮雕式的二龙戏珠及海水江牙流云纹，平錾线条流畅潇洒、自然优美；内壁镶了一层极薄的金箔，光亮平滑；中心立柱满饰如意云头纹。爵底外壁刻铭文一周：“万历年造足色金重五两一钱七分。”整体设计构思十分巧妙，造型优美，装饰华丽，有强烈的稳定感，具有很高的艺术价值。

鸳鸯莲瓣纹金碗 1970 年，在西安南郊何家村发现了唐代窖藏金银器 1000 多件，这是我国唐代金银器的一次空前发现，其中两件鸳鸯莲瓣纹金碗【图 6–15】最为珍贵。

金碗敞口、鼓腹、喇叭形圈足，高 5.5 厘米，口径 13.5 厘米，足径 6.7 厘米。外腹部錾出两层浮雕式的仰莲瓣，每层十瓣。上层莲瓣内分别錾出狐、兔、獐、鹿、鹦鹉、鸳鸯等动物，周围填以对称的花草；下层莲瓣均作忍冬纹；圈足内刻鸳鸯一只，饰忍冬纹一圈。圈足饰方胜纹，一整两破的菱形花纹图案，实为简化了的四瓣莲花纹。

图 6–15 鸳鸯莲瓣纹金碗

足底边缘饰联珠纹一周，内底部刻蔷薇式团花一朵。内侧墨书“九两半”三字，这是唐代宫廷管理金银器留下的标志。《红楼梦》中，丫头鸳鸯是替贾母掌管金银器的，每次使用后，都要称重入藏。唐代宫廷金银器掌管者，为防止以轻换重，在每件器物上往往都以墨书标重，有的直接錾刻出重量，反映了金银器在人们心目中的重要地位。

金碗实物出土罕见，文字记载亦不多。《唐摭言》说：“王源中文宗时为翰林承旨，暇日与诸昆季蹴踘，毬子误中源中之额，薄有所损。俄有急召比至，上讶之。源中具以上闻。上曰：‘卿大雍睦’。命赐酒二盘，每盘贮十金碗，每碗各容一升许。宣令并碗赐之。源中饮之无余，略无醉容。”可见，金碗多为宫廷所使用。

鎏金银茶具在法门寺地宫出土的器物中，有一组自名为茶碾子、碾轴、茶罗子的茶具【图6-16】。由于唐宋饮用的茶绝大多数先制成团饼，烹煮时要用碾罗将茶饼碾成茶末。因此，碾罗是烹茶的重要器具。

中唐前为皇室制造金银器皿的部门有两个：即民间金银作坊与官营作坊，后者就是少府监中尚署所管辖的金银作坊院。但到晚唐时代，皇帝穷奢极欲，少府监作坊院的产品已不能满足需要，另外设置了“文思院”，专门掌管皇室所需的金银犀玉工巧之物，并以宦官为文思院使。这套茶

图 6-16 鎏金银茶具

具即为文思院制作，应属当时最高的金属工艺水平。

在这组茶具上，多处刻有“五哥”的字样，字迹潦草，似孩童所为。唐僖宗李儇为懿宗第五男，在册立皇太子前，皇室内以“五哥”相称。他登基时不过 12 岁。在衣物帐上，这组茶具是僖宗供奉的，由此可见，唐代皇室中小孩子也有饮茶的习惯。

这批茶具进入地宫是有缘由的。佛门于唐开元中大兴禅事，务于不寐，且不得夕食。茶有清醒头脑之功，佛门大力提倡，所以茶为佛前供奉之一。而僖宗给地宫内的佛指舍利奉献了大宗茶具，也就容易理解了。

金银丝结条笼子唐宋宫廷为使茶团饼干燥而色香不减，需将团片装入吸热方便而又易于散

图 6–17 金花银结条笼子

发水汽的焙笼之中，烘去茶中水湿之气。法门寺出土的金花银结条笼子【图 6–17】就是这种焙篓。笼子体积硕大，通高 15 厘米，长 14.5 厘米，口径 16 厘米，重 355 克，腹深 10.2 厘米。笼子通体镂空，纹饰鎏金，带盖，直口，深腹，平底，四足，有提梁。陆羽《茶经》虽为茶书中的权威著作，但未曾著录此类器物，然而，唐代宫廷却已使用了，可见唐代宫廷饮茶之精细程度。

金錾云龙纹嵌珠宝葫芦式执壶这件金执壶【图 6–18】，是清代皇帝御用的酒具，由宫廷金银作坊中的巧匠精心制作，创作设计构思新颖。壶身作葫芦形，高 31.5 厘米，腹径 16 厘米，足径 9.9 厘米，口径 6.6 厘米，形体大小适中，壶身由上大、下小的两个球体构成，连接部分作成

图 6-18 清代金錾云龙纹嵌珠宝葫芦式执壶

高而细的束腰，看起来十分俏丽。

清代宫廷器皿，非常讲究造型和装饰艺术，特别喜爱纤巧华丽的装饰风格，此件金执壶采用了浮雕的装饰手法，花纹凸出富有浮雕感，纹饰密布充满壶面，构成十分豪华且又富丽堂皇的装饰效果。整个壶身装饰以祥云及游龙为主，以龙来作为封建皇帝高贵的化身。这些纹饰、造型皆具有吉祥的含义，是清代宫廷常用的装饰题材，以取“四海升平”“吉祥万代”之意。

第四节 陶瓷食器

陶与瓷的生产在我国有悠久的历史，根据考古发现，我国早期的陶器，可以追溯到新石器时代的磁山文化和裴李岗文化时代。而瓷器的产生则稍晚一些，它滥觞于商代，成熟期在东汉以后。以下所介绍的陶瓷饮食器具，多为唐宋以后的产品，其原因在于唐宋以后，我国的陶瓷工艺技术日趋成熟，取得了极高的造诣和成就，下面择要介绍几件，以见一斑。

三彩碗说到唐三彩，人们都知道其为中国陶瓷史上的一朵奇葩，它是一种低温釉陶器，用白色的黏土作胎，用含铜、铁、钴、锰等元素的矿物作釉料着色剂，在釉里加入很多的铅作助熔剂，经过800℃低温烧制而成。釉色呈深绿、浅绿、蓝、黄、白、赭褐等多种色彩。人们称之为三彩，实际上是一种多彩陶器。三彩器在宋代、辽代都有生产，但因它是唐代发明的，当时也最为盛行，故以“唐三彩”闻名于世。

这件三彩碗【图 6–19】，造型端庄、稳重，装饰独特，内外施白色釉。器内有 12 道绿色的垂条纹，上施赭色釉细条纹，器外分上下两段，施有稀疏的细垂条纹，色彩光艳夺目。它充分显示了“三彩”技术的特色，在迄今发现的唐三彩生活用器中，是不多见的。

该器是在唐永泰公主墓中出土的。永泰公主名仙蕙，是唐高宗李治和武则天的孙女、中宗李显的第七女，死时年仅 17 岁。该器物现藏于陕西省博物馆。

乾隆款描金紫砂方壶 作为皇室窑的“官窑”和官营制瓷窑场的出现较之其他手工业要晚，而紫砂陶器作为“进物”上贡的事恐怕更晚，也较为少见。但在传世品中，还是可以找到几个

图 6–19 三彩碗

题款为“乾隆年制”或“大清乾隆年制”的紫砂茶壶，造型美观，工艺精致，并且装饰题材及技法也饶有风趣。这显然是特意烧造的，或者是由清宫指定样式，交付民窑烧造，然后贡奉皇室使用，这里所介绍的一件大概就是属于这类性质的。

现藏北京故宫博物院的乾隆款描金紫砂方壶高 9.2 厘米，胚体坚固，无杂质，表面光洁明润，系用“镶身筒”手法成型。但方中有圆，把所有上下或左右两片衔接的直线角都打磨成没有棱的圆面，给人一种有刚有柔、相遇相接的感悟。圆角方形盖，高高在上，增加了壶身的高度，从而在视觉上使人感到壶的底部更为稳固。壶底钤“乾隆年制”篆文方印一枚。这样的篆体四字题款与常见的清代乾隆官窑瓷器上的题款大体相同。

汝窑盘　汝窑又称汝官窑，是宋代专门烧造宫廷用瓷的窑场之一。它与“官、哥、定、钧”并称为宋代五大名窑。由于汝窑为北宋宫廷烧制瓷器的时间很短，传世极少，到南宋时已有“近尤难得”之叹，流传至今者不足百件，仅存于世界几个著名的博物馆和极少数收藏家手中，弥足珍贵。

这件由上海博物馆珍藏的汝窑盘【图 6-20】，高 3.2 厘米，口径 12.6 厘米，通体施天青釉，釉面晶莹透亮，由于烧制过程中温度过高，

图 6-20 北宋 汝窑盘

冷却时胎釉的收缩速度又不一致，造成釉面开裂，俗称“蟹爪纹”，这虽是烧造过程中的瑕疵，但却因此增添了预想不到的美感，同时又为汝窑的鉴定提供了方便。

汝窑瓷器的釉色主要有“天青”“卵白”“淡青”，此盘为淡青，“淡青”也叫“粉青”，它是一种以青色为主要基调的釉色。与天青釉不同之处，是淡青中微闪绿色，釉面多透亮，釉面也有浓淡之分，传世汝窑瓷器中有半数以上为淡青色。迄今为止，宋代墓葬中还没有一件汝窑瓷器问世，这与汝瓷作为皇室用器，严禁流传民间的地位是相符合的。汝瓷原本深藏宫中，被历代统治者视为珍品，只是到了清朝晚期，八国联军入侵以后，才开始流出宫外。

官窑盘 官窑有北宋官窑和南宋官窑之分，据说是由朝廷派遣官员到厂地监烧、生产贡入皇室的瓷器，有命则供，无命则止。官窑器以盘、碗、碟、杯等日常饮食器皿居多，都制作工整、精良。

天津艺术博物馆珍藏的一件官窑盘，是南宋官窑珍品之一，高 3.5 厘米，口径 18.7 厘米，口稍外撇，宽厚的折沿便于端放，与浅而宽的圈足十分协调；浅圆腹，器身接近垂直，显得分外稳重工巧；造型端正俊俏，线条干净利落，具有单纯、清逸、明朗的艺术效果，平淡中显见典雅，无疑是上乘作品。为了满足皇室的特殊要求，附会仿古之风，南宋官窑也生产一些礼仪陈设用瓷，造型多仿商周秦汉古铜和玉作的样式。

永乐青花压手杯 明代洪武二年（1369），明朝廷在景德镇的珠山设瓷窑，称御器厂，派官员监督烧造，成品解京供皇室使用。

压手杯是明代永乐年间景德镇御窑厂制造的一种新型瓷杯。杯体宛如小碗形状，口杯撇口，鼓腹，丰底，圈足。明永乐青花压手杯（狮球心）高 5.2 厘米，口径 9.3 厘米，足径 3.9 厘米。杯心单圈内饰双狮戏球纹，外壁口沿下绘朵梅纹，腹部绘缠枝莲纹，圈足外墙绘卷草纹。此杯制作精细，形体古朴敦厚。此件现藏于北京故宫博物院。

永乐青花压手杯是明代瓷器中唯一一种能与文献记载相互印证的实物，也是一件具有重要研究价值的稀世珍宝。明人谷应泰撰写的《博物要览》一书中，特别提到了这种杯，他说："永乐年造压手杯，坦口、折腰、砂足滑底。中心画有双狮滚球，球内篆书'大明永乐年制'六字或四字篆书，细若米粒，此为上品，鸳鸯心者次之，花心者又其次也，杯外青花深翠，式样精妙，传世可久，价亦甚高"。

景德镇御窑生产的瓷杯品种很多，如鸡缸杯、三秋杯、葡萄杯均胎体轻薄，而压手杯与之相比，却有相反的特点：胎厚体重，握于手中时，微微外撇的口沿，正压合于手缘，体积大小适中，分量轻重适度，稳贴合手，故有"压手"之美称。此杯虽然胎体较厚，给人一种凝重感，但拿在手中一点也不笨拙，依然灵巧、可爱。用它可饮茶，也可饮酒，别致幽雅，充分表现出陶工们的高超制瓷技艺。

成化斗彩人物杯 该杯杯身描绘文人行乐的画面，又称"高士杯"。杯高 3.4 厘米，口径 5.9 厘米，足径 2.7 厘米。胎质细腻，轻薄，造型敞口，圆腹，卧足。杯底青花双栏内楷书"大明成化年制"六字款。杯身绘两组人物纹饰，一组为"伯牙携琴访友"，伯牙双手下垂，侍童右手抱琴，二人的衣服似随风飘动，仿佛漫步于山坳之中。另一组绘“王羲之爱鹅”，王坐于岸旁观鹅，侍童捧书站立。空间补以苍松、垂柳和梅菊及坡石花草，表现出文人行乐的一种情景。成化斗彩杯最负盛名的除人物杯外，尚有三秋杯、葡萄杯、鸡缸杯【图 6-21】等，这些酒杯优雅隽美，玲珑奇巧，有的小杯胎体之薄几同蝉翼，可以照见手指。传说成化皇帝迷恋万贵妃，宫中每天都要呈进一件珍玩，成化斗彩就是在这样一种取宠的心态下发展起来的。因而成化斗彩瓷器中没有大的饮食器具，多是一些柔美细小的酒杯。

斗彩瓷器是明清两代彩瓷中的著名品种，明代文献称成化斗彩为“成化五彩”或“春花间装五色”。随着彩瓷的不断发展，施彩方法趋于复杂，人们为了将之与“五彩”区别开来，到清代乾隆时期，将彩瓷中带有青花勾轮廓线装饰的器物称为斗彩或填彩。成化时期彩瓷中的主要产品

图 6-21 成化斗彩子母鸡纹缸形杯

制作精细、胎体轻薄、色彩艳丽，因而特别受到明清皇室的青睐。

成化斗彩在当时不仅有很高的艺术价值，同时还有巨大的经济价值。万历《野获编》说“成窑酒杯每对至博银百金”，清代《唐氏肆考》里也有“神宗庙器，御前有成杯一双，值钱十万，明末已贵重如此”的记载。

除陶瓷外，宫廷中的玉制饮食器具也是琳琅满目，特别是在明清宫廷中，玉制饮食器的玉质之美、琢工之精、器形之丰、作品之多、使用之广，都是前所未有的，这里我们着重介绍明代万历皇帝神宗朱翊钧的一件玉盌。

玉盌以它独特的造型、名贵的金玉材质、巧夺天工的琢錾工艺,展示了明代艺人的高超技艺。

该器由玉盌、金盌盖和金托盘组成。玉盌造型与常用的碗相同，器身为圆形，底部有一圈足，高 15 厘米。玉材呈青白色，洁润透明，胎薄如纸，光素无纹，琢工精致。金盖高 8.5 厘米，重 148 克，用纯金錾刻而成，盖口与盌口完全吻合。盖身用镂空和浅浮雕技艺，錾镂三排在汹涌澎湃的波涛中神游的蛟龙。蛟龙身下是层层波涛和水草，把蛟龙衬托得更为生动，画面充满着动态美。金托盘直径 20.3 厘米，重达 325 克。盘边沿满饰祥云纹，盘底也布满了龙纹。盘中央还凸起一圆圈，用以承托玉盌。金盖与金托盘，相映生辉，把玉盌装饰得雍容华贵，富丽堂皇。金白色泽相配，谐调典雅，更显得其名贵隽美。

玉和金都是自然界馈赠的贵重材质，向来经济价值极高，加上明代工匠出色的琢制技巧，又作为皇帝的御用品，其历史艺术价值，由此可见一斑。

盌是碗的异体字，古人常喜欢用盌字。玉盌的用途，从金盖、托盘相配来看，不是一般盛食用的碗。它形制仿自唐宋时期的瓷茶托，其用途当是万历皇帝生前饮茶或参类水汁补品用具，现珍藏与北京定陵博物馆。

总之，中国古代的饮食器具其用料种类非常丰富，除了陶、瓷、金、银、铜、漆器以外，还有水晶、玛瑙、玉、锡、紫木、象牙【图 6-22】、竹、犀角等器。这些饮食器具上或镂或绘有白鹤飞翔、游龙戏凤、琴鸟舒翼、彩蝶恋花、人物美女、各种花卉、山水画等，诗情画意，无所不包。面对这些凝注着中国古代劳动人民辛勤劳动和智慧的精美绝伦的饮食器具，我们在欣赏之余，还可以充分感受到一种艺术之美，从而对加工制作这些饮食器具的艺术家们产生深深的敬意。

清代袁枚在《随园食单·须知单·器具须知》中说，“古语云：‘美食不如美器’，斯语是也。然宣、成、嘉、万窑器太贵，颇愁损伤，不如竟用御窑，已觉雅丽。惟是宜碗者碗，宜盘者盘，

图 6-22 牙杯

宜大者大，宜小者小，参错其间，方觉生色。若板板于十碗、八盘之说，便嫌笨俗。大抵物贵者器宜大，物贱者器宜小，煎炒宜盘，汤羹宜碗；煎炒宜铁锅，煨煮宜砂罐。”袁枚认为，明代宣德、成化、嘉靖、万历四朝所烧制的器皿极为贵重，人们担心被损坏,就干脆用本朝御窑烧造的器皿,那也够雅致华丽了。但要考虑到该用碗的时候就用碗,该用盘的时候就用盘;该用大的就用大的,该用小的就用小的。各式盛器参差不齐地陈设在席上,令人感觉美观舒适。这无疑是对美食与美器关系的精练总结。

结　语

源远流长的中国饮食文化一直是我们中国人的骄傲，也是中国文化走向世界的一张亮丽名片。中国从先秦时期就已经开始了中外饮食文化交流的进程，中国饮食文化在汲取多元外来特色的同时，也将自身的精华远传世界各地，在世界饮食文化交流中扮演了重要角色。随着时代的发展，这种交流日益加深。时至现代，中国饮食文化不仅在全球各地发展，同时也将中国文化的优秀元素传播致远，成为沟通中国与世界的无形桥梁。因此，可以说，中国饮食文化在传播中华文化和沟通世界方面都发挥着不可替代的重要作用。

先秦时期，中国各民族就以华夏族为中心开展了饮食文化的交流，华夏族的谷物，常常供给北方游牧民族，如燕国的鱼盐枣栗，素为东北少数民族所向往。

到了汉代，张骞出使西域，促进了内地与西域之间的饮食文化交流。西域的苜蓿、葡萄、石榴、葱、蒜、胡萝卜等特产，以及葡萄酒，先后传入内地，大大丰富了内地民族的饮食生活。另一方面，内地民族精美的肴馔和精湛的烹饪技艺，又为这些地区的人民所喜食和引进，各民族在相互交流的过程中，择善而从，不断完善自己，共同创造出中华民族博大精深的饮食文化。

一　对日本的影响

从世界范围来看，受中国饮食文化影响较大的莫过于日本。早在公元 4 世纪，就有一些中国人经朝鲜移居日本，这些人称得上是中国早期的华侨，其中有不少烹调厨师和制作食具的工匠。至唐代，鉴真大师又把中国的佛学、医学、酿造、烹饪等文化带到日本。与此同时，大批日本学问僧和留学僧也来到中国考察、学习，随着他们的归国，唐代宫廷与民间美味也传至日本，至此，中国先进的饮食文化对日本宫廷与民间的饮食生活产生了广泛的影响。例如，此后日本宫廷的饮食制度就改效唐制，不少宫廷宴会也改用中国的烹饪方法，并时常派人来华学习和研究中国烹调法。

唐代以后，中国的许多菜点就在日本流行开来，如环饼（即馓子）是一种用面经油炸做成的类似麻花的食品，远在战国时即已有之，秦汉以后，环饼成为中国人在寒食节的必食之品。环饼传至日本后，被称为“万加利”，并成为日本贺藏神供品。再如粽子，粽子的食用在中国已有悠久的历史，它是中国端午节的节日食品，小小的粽子也饱含着人们对爱国诗人屈原的深深怀念。粽子传到日本后，日本人称之为“茅卷”，现在日本特色的粽子，如御所粽、道喜粽、葛粽、饴粽等，都是在中式粽子的基础上发展起来的，据日本学者木宫泰彦所著的《日中文化交流史》记载：明清时期，中国饮食传到日本的有胡麻豆腐、隐元豆腐、唐豆腐、馒头等各种中国风味的食品，并且学会了按照中国方式——主客围桌共同饮食，这对日本的烹调法和会餐方式都产生了一定的影响。

在中国菜点传入日本的同时，中国的饮食节令风俗也在日本时兴起来，例如正月元日的屠苏酒、正月七日的七种菜、五月五日的菖蒲酒、九月九日的菊花酒等，在日本都十分流行。日本学者森克己在《日宋文化交流诸问题》中指出：“大陆（指中国）和我国（指日本）之间，从原始时代起，就在进行文化交流。先进的大陆文化不断地流入我国。与此同时，日本把这些大陆文化在不知不觉中汲取，日本化。”木宫泰彦《日中文化交流史》也认为：“日本中古之制度，人皆以为多系日本首创，然一检唐史，则知多模仿唐制也。”

与饮食内容相关的筷子（古称箸）饮食方式，也源于中国，并不断向海外传播。中国是筷箸的发源地，日本、朝鲜、韩国、越南等国的用箸习俗皆由中国传入。筷子早在唐以前就传到了亚洲各国，特别是东南亚、东北亚一带。筷子在日本的最早使用，据日本学者山内昶先生在《筷子刀叉匙》中指出：推古十六年（608）日本宫中设宴招待隋朝使者裴世清等人时，“席间采用中国餐桌礼节，以两双筷子和汤匙作为正式餐具，摆放在餐盘内，这是日本最早使用筷子的正式记录。”源自中国的箸文化，经过长期发展，现已成为日本文化的典型代表。

朝鲜半岛也是最早接受中国箸文化的域外地区，公元 7 世纪时的新罗时代，他们就开始使用筷子了，今天朝鲜语中筷子的读音“zhegala”，就含有汉语“箸”的音素。韩国从 1995 年下半年起，在小学一年级开设了“筷子课”，并向教师提出了“让孩子们用筷子夹豆子”的教学方法。现在，全世界有 15 亿以上的人使用筷子，足见中国人发明的筷子，已成了当今世界风格独具的重要餐具。

事实上，筷子的发明使用，对中华民族智慧的开发是有一定影响的。尽管是一双简单得不能再简单的筷子，但它能同时具有夹、拨、挑、扒、撮等多种功能。而与看上去“动刀动枪”式的西方餐具相比，成双成对的筷子又多了一份“和为贵”的意韵。在民间，筷子被视为吉祥之物，出现在各民族的婚庆、丧葬等礼仪中。著名的物理学家、诺贝尔物理学奖获得者李政道博士，在接受一位日本记者采访时，也有一段很精辟的论述：“中华民族是个优秀民族，中国人早在春秋战国时期就使用了筷子。如此简单的两根东西，却是高妙绝伦地运用了物理学上的杠杆原理。筷子是人类手指的延伸，手指能做的事它几乎都能做，而且不怕高温与寒冷。真是高明极了！”筷子作为中国食文化元素之一，已在世界各国中产生了深远的影响。

二　发走向世界

中国和非洲有近千年的交往历史，近年来在索马里等东非国家出土了唐、宋、明三个朝代的瓷器和钱币。另外，今日非洲的烤全驼和唐代宫廷菜肴浑羊殁忽在形状和烹制方法上有惊人的相似之处，据《食珍录》记载，此菜“最为珍食。置鹅于羊中，内实粳、肉、五味，全熟之。”

而烤全驼的做法也是将鸡蛋塞入鱼肚中，然后把鱼放进鸡内，再把鸡放在烤羊的肚里，最后把烤羊放入一头骆驼的肚子里烤制而成。我国的烹饪研究专家认为，这可能是中国和非洲历史交往在饮食文化上的一个见证。

随着丝绸之路的开通，中国同中亚、西亚以至欧洲的经济交往日趋密切，通过这条道路，中国饮食文化源源不断地通过华夏人民介绍到西方，据《宋会要》记载，1070年，大食国（今伊朗）“遣使来员，赐器服，饮食。”这种互相往来的例子，在史书中是很多的。至今在希腊——地中海文化圈内，中式饮食还占有一席之地。

伟大的革命家孙中山先生在《建国方略》中指出：“中国近代文明进化，事事皆落人后，惟饮食一道之进步，至今尚为文明各国所不及。中国所发明之食物，固大盛于欧美。而中国烹调法之精良，又非欧美所可并驾……昔日中西未通市以前，西人只知烹调一道，法国为世界之冠。及一尝中国之味，莫不以中国为冠矣。”这是因为，中国的烹饪方法，十分注重整体效果，丰富而又和谐，多样而又统一，带有浓郁的中国哲学的调和色彩和宽容性。例如，中国烹饪讲究调和鼎鼐，把味道放在首位，它的原料可以是一种或多种，它的调料可以是一样或多样，但最终都是要调和出一种美好的口味，可见美味的获得，并不是孤立的产物，是多种因素的结合，很难进行定性定量的具体分析。这一切讲究的就是分寸和整体的配合，一切以菜的色、香、味、形的美好、谐调为度，度之内的千变万化就决定了中国饮食的丰富和善于变化。由此也反映出，在中国这种多姿多彩的饮食文化中，美的追求显然是首要的。

而西方人的饮食多从理性角度考虑，注重营养和卫生的合理搭配，对味道之美反而是不大讲究的。各种调料都分得清清楚楚，很少有原料之间的多种配合，呈现出味道单一，营养价值一目了然，较少艺术氛围的特点，反映了东西两种截然不同饮食观念的质性差异。当然，随着现代科学文化的发展，东西方不同的饮食观念也正在互相渗透，互相取长补短，以完善本民族的饮食文化。

今天，中华饮食文化在“和而不同”思想的指导下，正在广泛地和有选择地借鉴和摄取域外饮食文化的精华，不断给自身注入新的营养物质，使中华饮食文化给人们一种既传统而又清新的感觉，因而一定会深受各国各地人民的欢迎。

参考文献

1. 郭宝钧:《中国青铜器时代》，北京：三联书店，1963 年。

2. 中国社会科学院考古研究所编：《新中国的考古发现和研究》，北京：文物出版社，1984 年。

4. 张舜徽:《中国古代劳动人民创物志》，武汉：华中工学院出版社，1984 年。

5. 李璠 :《中国栽培植物发展史》，北京 ：科学出版社，1984 年。

6. 张起钧:《烹调原理》，北京：中国商业出版社，1985 年。

7. [日]中山时子主编:《中国饮食文化》，北京：中国社会科学出版社，1992 年。

8. 王学泰 :《华夏饮食文化》，北京 ：中华书局，1993 年。

9. 王仁湘:《饮食与中国文化》，北京：人民出版社，

1993 年。
10. 宋镇豪 :《夏商社会生活史》，北京 : 中国社会科学出版社，1994 年。
11. 邱庞同 :《中国面点史》，青岛 : 青岛出版社，1995 年。
12. 徐海荣、徐吉军主编 :《中国饮食史》，北京 : 华夏出版社，1999 年。
13. 姚伟钧 :《中国传统饮食礼俗研究》，武汉 : 华中师范大学出版社，1999 年。
14. 陈高华、徐吉军主编:《中国风俗通史》，上海: 上海文艺出版社，2001 年。
15. 王利华 :《中古华北饮食文化的变迁》，北京 : 中国社会科学出版社，2000 年。
16. 薛麦喜主编:《黄河文化丛书·民食卷》，太原: 山西人民出版社，2001 年。
17. 萧放 :《岁时——传统中国民众的时间生活》，北京 : 中华书局，2002 年。
18. 王赛时 :《唐代饮食》，济南 : 齐鲁书社，2003 年。
19. 刘朴兵 :《唐宋饮食文化比较研究》，北京 : 中国社会科学出版社，2010 年。
20. 刘云主编:《中国箸文化史》，北京: 中华书局，2006 年。

后　记

2011年春节，长春出版社的胡新编辑借回湖北省亲之机，与冯天瑜先生和我商定了编辑《中华文化元素丛书》之事。我们认为举凡大国之崛起，绝不仅仅是经济的发展，更重要的是国家和民族所持有的文化观、价值观能为世界所认同。当今世界，文化在综合国力竞争中的地位和作用更加凸显，越来越成为民族凝聚力和创造力的重要源泉，博大精深的中华优秀传统文化是我们在世界文化激荡中站稳脚跟的根基。而中国文化要“走出去”，为世界所认同，主要应该依靠中国文化本身的魅力，而图书作为中国文化最重要的载体，找到合适的选题，探索可行的路径和方法，是可以做到这一点的。同时，把中国文化中具有独特魅力的文化元素，编辑成书，不仅在学术上有重要的意义，也会有良好的经济效益。

为此，我们精选了中华文化中若干重要元素编写成书，我承担了《饮食》一书的撰写。我认为在中国传统文化的多种文化元素中，较引国人骄傲和世界瞩目的，乃是中国的饮食文化。民以食为天，饮食是国计民生中第一件大事，对食物烹饪的重视和考究，以及人们对于饮食的观念，是表现一个国家的文化素养和文明的象征。

现在世界各国基本上都有中国餐馆，从某种程度上来说，中国饮食文化的外传也促进了中国文化的输出，外国人士对中国文化的一些感性认识，许多都是从中国饮食开始的。从近几年中国文化在海外的发展过程中，我们清楚地看到中国饮食文化资源在海外的发展与传承，在提升中华文化影响力、增强国家文化软实力方面起到了重要作用。因此，我们有必要重视总结发掘中华优秀饮食传统文化资源，并推向世界。

本书在撰写过程中，得到了冯天瑜先生和长春出版社领导的许多帮助与指导，胡新、李春龙编辑对本书作了精心的编辑，并提出了宝贵的修改意见。刘婷、李芳菲、李任、王文、陈艳飞、刘兰宇、卢锐、石兰、童子乐、白文君等同学帮助收集了许多图片，借此机会一并致以衷心的感谢！

姚伟钧

2016 年 10 月